基于 GIS 的复杂平原河网水动力数值模型研究与应用

胡孜军　著

黄河水利出版社
·郑州·

内容提要

复杂平原河网地区具有河湖数量众多、地势低洼等特点，属于易受洪涝灾害影响的区域。这些地区依靠建设大量的水闸、泵站对洪涝水进行调控，形成了复杂的水网调度运行体系。对复杂平原河网进行数值建模，模拟闸站调控情况下的雨洪过程，指导区域防洪治涝决策，具有重要的理论意义和实用价值。然而，受目前数值模拟技术发展水平和资料获取困难等方面的制约，一般选择建立经过概化的复杂河网雨洪过程模型，不同的河网概化方法对模拟结果有不同的影响。此外，平原河网地区下垫面类型众多，其产汇流特性差异较大，也给雨洪过程模拟带来了更多的影响。

针对这些问题，本书主要量化研究了复杂平原河网地区河网概化对模拟结果的影响，并提出了一种调蓄能力近似一致的河网概化和一种用于子流域划分的空间地理信息数据算法。将研究成果和提出的方法应用于苏州市区域平原河网雨洪过程模拟研究，并对未来海平面上升和极端暴雨情况下苏州市区域雨洪情况进行模拟研究。

本书可供从事水利工程规划、设计和平原河网地区水利工程运行管理人员，特别是防汛、水利调度等相关的技术人员，以及水利相关院校的研究人员和研究生阅读和参考。

图书在版编目(CIP)数据

基于GIS的复杂平原河网水动力数值模型研究与应用 / 胡孜军著. -- 郑州 : 黄河水利出版社, 2025. 8.
ISBN 978-7-5509-4207-3

Ⅰ. TV213. 4

中国国家版本馆 CIP 数据核字第 2025KQ7732 号

策划编辑：郑佩佩　电话：0371-66025355　E-mail：1542207250@qq.com

责任编辑　王　璇　　责任校对　鲁　宁
封面设计　张心怡　　责任监制　常红昕
出版发行　黄河水利出版社
地址：河南省郑州市顺河路 49 号　邮政编码：450003
网址：www.yrcp.com　E-mail：hhslcbs@126.com
发行部电话：0371-66020550、66028024
承印单位　河南瑞之光印刷股份有限公司
开　　本　787 mm×1 092 mm　1/16
印　　张　7
字　　数　166 千字
版次印次　2025 年 8 月第 1 版　　2025 年 8 月第 1 次印刷

定　　价　52.00 元

前　言

平原河网是我国大江大河下游三角洲地区常见的水系形态，如太湖、珠江流域河网以及江苏北部里下河地区河网等。改革开放以来，这些地区得益于丰沛的水资源储量与便利的航运条件、经济建设取得的巨大成就。以太湖流域为例，人均国民生产总值(GDP)显著高于全国平均水平。因此，平原河网地区发生洪涝灾害容易造成较大的经济损失。平原地区普遍具有地势低洼、水系结构复杂的特点，是极易发生洪涝灾害的区域。其防洪主要依靠修筑堤防、修建大量闸站进行调控等。近年来，城市区域不透水路面增加、极端降水事件频繁发生、海平面上升等问题，进一步增加了平原河网地区的洪涝灾害风险。针对这些问题开展的极端边界条件下平原河网地区雨洪过程模拟研究具有理论意义和实用价值。

由于平原河网地区河道水系湖荡等水体的连通情况十分复杂，在进行数值建模时，需要进行模型概化，将次要河道、湖荡等水体以合理的方式纳入河网数值模型，对提高模型的收敛性和精度具有十分重要的意义。此外，我国平原河网地区近年来下垫面情况变化显著，由于城市化的加剧和圩区管理的影响，平原河网地区水文模型需要对不同属性下垫面的产汇流特征进行表达，传统的利用泰森多边形法、最短流程法等方法进行集水域划分无法考虑下垫面类型分布和大小的因素。这就需要利用地理信息系统(GIS，Geographic Information System)强大的空间分析和运算能力，结合河网分布和下垫面数据，进行子流域分配和河道产汇流单元的关联。因此，基于ArcGIS平台，提出了具有等效调蓄能力的河网概化方法和子流域划分方法，并将提出的方法应用于苏州市区域复杂平原河网，研究了该地区闸站综合调度对防洪安全的影响，进一步研究了该地区海平面上升和极端降雨等极端边界条件下的雨洪过程响应，可为类似复杂平原河网地区水文水动力耦合数值模型的建立提供参考。

本书由太原理工大学胡孜军著，全书共6章，主要包括绪论、复杂平原河网地区雨洪过程模拟理论、平原河网水动力模型概化问题讨论、基于GIS软件的平原河网概化和子流域划分、苏州市区域河网雨洪过程模拟应用、极端边界条件下苏州市区域河网雨洪过程响应等。

特别感谢山西省水利科学技术研究与推广项目(2023GM22)、山西省基础研究计划项目(202303021212080、202303021212065)对本书中部分研究内容的开展和出版等给予的资助！

由于时间仓促，加上作者水平有限，书中难免存在纰漏之处，欢迎各位读者提出宝贵意见，以便今后补充修改。

作　者

2025 年 5 月

目　录

第 1 章　绪　论

1.1　平原河网地区雨洪形势

河网是指由众多纵横交错的水道构成的整体,按照地理位置不同可分为山区河网与平原河网。其中,平原河网是大江大河下游三角洲地区常见的水系形态,为我国东南及沿海发达地区提供了有力的水资源保障。改革开放以来,多数平原河网地区在经济建设上取得了巨大成就。以太湖流域为例,人均 GDP 显著高于全国平均水平。然而,我国平原河网地区常受到梅雨、台风雨以及风暴潮等多种自然因素引起的洪涝灾害影响。人口密集、经济发达的平原河网地区遭受洪涝灾害,易造成严重后果。

据 1994—2003 年资料统计,在各类灾害中,水文气象灾害造成影响最广,分别占全球灾害发生总次数的 90%、影响人口总数的 98%、经济总损失的 62%。在我国,洪涝灾害造成的经济损失和影响也居各类自然灾害之首。平原区与山丘区的洪涝灾害存在显著差异。表 1.1 为我国洪水灾害地区分布差异情况。表 1.1 中数据显示,平原地区洪水受灾面积与房屋倒塌数均大于山丘地区。这说明平原地区由于地势平坦、洪水泛滥面积较广。

表 1.1　我国洪水灾害地区分布差异情况

灾情类型	累计值	山丘区比例/%	平原区比例/%
受灾面积/万 hm^2	31 995	37.6	62.4
倒塌房屋/万间	7 800	42.2	57.8

一般将上游来水或客水称为“洪”,本地区降雨产水称为“涝”。对于平原河网地区,由于不存在明显的分水边界,洪、涝难以区分。洪水与涝水叠加致灾的情况时有发生。因此,在平原河网地区水动力研究中一般将水灾害统称为“洪涝”或“洪灾”。

近年来,全球气候变化的报道屡屡见诸报端,地球温室效应、极地冰川融化引起的海平面上升受到了全球研究者的关注。在我国,一些极端气候事件如城市特大暴雨、中西部地区大旱等频频出现。联合国政府间气候变化专门委员会(IPCC,Intergovernmental Panel on Climate Change)第四次评估报告显示:已有确凿证据表明,近年来极端天气事件的发生频率和强度都有所增加,特别是强降水、高温热浪等极端事件,对世界各个国家都造成了巨大影响。IPCC 第四次评估报告还指出:据高置信度估计,到 21 世纪 80 年代,由于海平面上升,预计遭受洪涝灾害影响的人口可能增加数百万之多。尤其在亚洲和非洲人口稠密的低洼三角洲地区,受影响人口数量最多。IPCC 第五次评估报告也表明:近期观测到局部地区出现极端降雨和洪水现象,表明许多城市地区面临的洪水威胁正在增加。尤其是海岸带附近的区域,在海平面上升和极端气候事件的共同影响下,发生较大范围洪水灾害的可能性很大。许多研究也表明,未来气候变化以及人类活动将引起一些地区洪水频次增多、强度增大。对于平原河网地区,在未来情景下将受到降雨强度增加、上游来流增多以及海平面上升的三重围困。模拟平原河网地区未来情景下的雨洪过程,可为有关部门提前制定相关规划提供依据,具有重要意义。

平原河网地区经济高度发达,人口非常稠密,洪水灾害风险较大。在未来气候变化以及海平面上升的背景下,我国平原河网地区防洪安全面临重大考验。雨洪过程模拟在洪水风险图编制与洪水灾害管理工作中具有重要地位。构建平原河网地区雨洪过程模型,涉及水文、水动力等多种模型和尺度问题。

1.2 平原河网地区雨洪过程的特点

平原河网在我国主要分布于东南沿海一带。典型的平原河网地区有江淮流域里下河地区、太湖流域中南部地区、钱塘江下游地区以及珠江流域下游地区等。平原河网地区的共同特点有河网密度大且渠化严重、地势平坦;受径流与潮汐共同作用,河道存在复杂的往复流动;河网内部修建大量闸站枢纽等控制建筑物,水动力过程受工程调控影响明显。

我国对平原河网地区防洪治涝的改造最早可以追溯到战国时期。经过一千余年的发展,到宋代改造措施已经较为完善,通过河堰、城墙、水关、河道、池塘以及阴沟等一系列水利设施的修建,初步形成了平原河网地区严密的防洪治涝系统。长期以来的水利工程建设与河网改造,使我国平原河网地区雨洪过程具有独特的特点。国内关于平原河网地区水文过程的研究,一般将其水循环过程概化,如图 1.1 所示。将平原河网地区的水文过程分为山丘区和平原区分别进行考虑。平原山丘区与普通山区水文过程无较大区别,只是平原山丘区修建了较多的塘坝和中小型水库,在产汇流过程计算中要考虑这些工程的蓄滞洪作用。

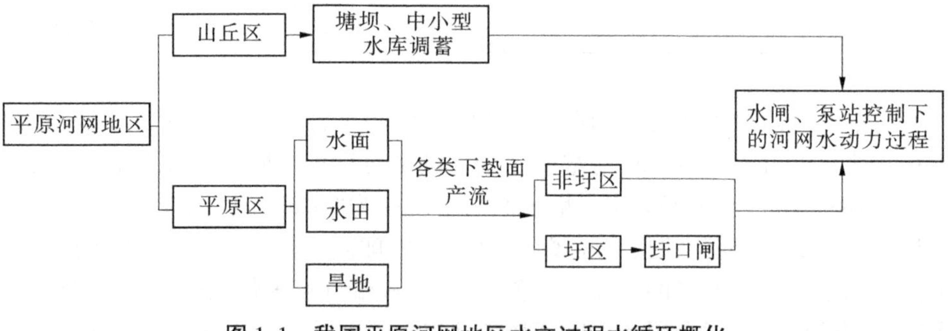

图 1.1 我国平原河网地区水文过程水循环概化

平原区由于不存在明确的分汇水边界,且下垫面情况复杂,其水文过程有显著的特点。首先,下垫面种类主要分为水面、水田、旱地 3 种,分别计算其产流过程。其次,平原河网地区建设大量圩区,圩区出流由圩口闸控制,与非圩区有显著区别。最后,当山丘区和平原区产流汇入河网后,河网内水动力过程受水闸、泵站等工程的控制十分明显。基于该水文过程描述,梁瑞驹等建立了较为完备的平原河网地区水文水动力模型体系,并成功应用于整个太湖流域,取得了较好的模拟效果。

随着近年来我国城市化水平的迅速提高,至 2000 年,太湖流域城市化水平已经达到

66.17%,接近全国平均水平的2倍。城市道路及建筑物密度的增加,增大了城市不透水面积及所占比例,加上地表植被破坏,同等降雨强度下的地表径流及排水量明显增加,汇流时间缩短,河道洪峰流量增大,洪灾频率、强度及影响范围也随之加大。Salvadore等给出了城市化流域水文循环的示意,如图1.2所示。与天然流域相比,城市化流域多出了地表产流、污水处理厂出流、管网渗漏、地下水排水以及地下水取水等过程。因此,在城市化背景下,平原河网地区降雨径流计算应当尽量充分考虑城市化的影响。

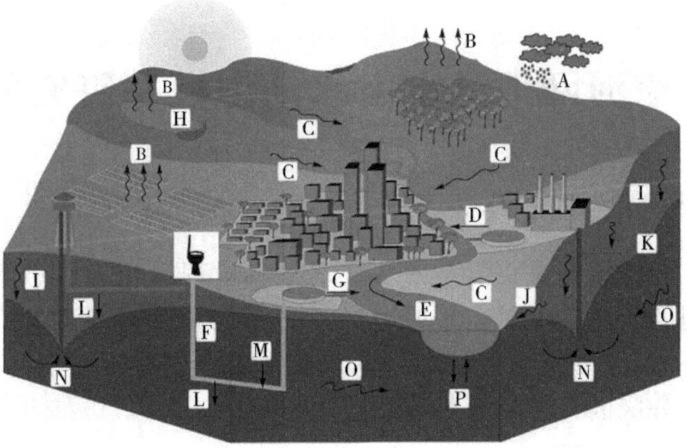

A—降雨;B—蒸发/蒸腾;C—地表产流;D—不透水陆面径流;E—河道水流;F—雨水管网出流;G—污水处理厂出流;H—填洼蓄水和地表水体;I—土壤下渗;J—壤中流;K—地下水补给;L—管网渗漏;M—地下水排水;N—地下水取水;O—地下径流;P—潜流交换。

图1.2 城市化流域水文循环示意

根据现阶段我国平原河网地区的特点,作者给出了考虑城市化影响后我国平原河网地区产汇流过程示意,如图1.3所示。由图1.3可见,与乡村地区相比,城镇区域产流和

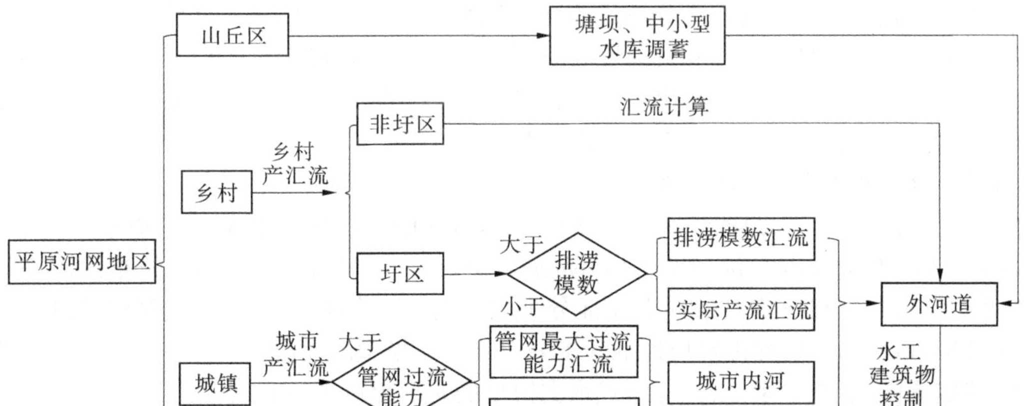

图1.3 考虑城市化影响后我国平原河网地区产汇流过程示意

汇流过程有显著的区别。首先,城镇区域存在不透水面,在产流计算中应当予以考虑;其次,城镇区域产流需经过市政管网排入城市内河,当产流量大于管网过流能力时会形成城市内涝;最后,城市地区产流进入城市内河后,需要像圩区一样通过泵闸调度实现排涝。

平原河网地区水文过程受人为干预十分明显。在乡村圩区,汇流过程受排涝模数控制。在城镇区域,其汇流过程受管网过流能力和城市内河排涝模数的双重影响。当洪水排入行洪河道后,其水动力状态仍受到大量闸站运行的影响,增加了平原河网地区雨洪过程的模拟难度。

1.3 平原河网地区水文水动力模型研究问题介绍

1.3.1 平原河网地区水文模型应用

水文模型是指用模拟方法将复杂的水文现象和过程概化为近似的数学模型,以实现由降雨到径流过程的仿真。尤其在平原地区,其分汇水边界不明确,汇流过程一般依靠河网水动力模型进行演算。因此,平原河网地区水文模型主要研究工作集中在产流过程的精确描述以及水文分区的合理划分方面。

1.3.1.1 数据驱动水文模型

"水文学"一词,具体含义是"研究降雨所引发效应的科学"。"流域水文学"是水文学的一个分支学科,是指在流域尺度对水文学问题进行研究。20 世纪 50 年代,随着渗流理论、产流理论以及地下水运动理论的发展,在 1966 年由斯坦福大学的 Crawford 和 Linsley 合作开发出首个真正意义上的流域水文模型,即斯坦福模型[SWM(Stanford Watershed Model),后发展为 HSPFH(Hydrological sinulation Program Fortran)模型]。受他们的影响,流域水文模型进入了蓬勃发展阶段,一些较为简化的模型,如 HEC-1 与 Sacramento 模型等,以及一些较为复杂的具有半分布式概念的模型,如 Tank 模型等相继被开发。这类模型都面临着参数难以确定的问题,需要大量试错试验才能取得满意的模拟效果。但当模拟效果满足的时候,参数已经超出了物理含义中所界定的范围。这类需要大量实测数据来完成参数率定的模型统称为"数据驱动模型"。

1.3.1.2 分布式水文模型的发展

分布式水文模型的构想最早由 Freeze 和 Harlan 发表于 1969 年 *Blueprint for a Physically-based, Digitally-Simulated Hydrologic Response Model* 中。理论上,分布式水文模型能客观反映降雨和下垫面条件空间部分不均匀对径流的影响。数字高程模型(DEM, Digital Elevation Model)的出现快速推动了分布式水文模型的发展,能自动提取分水岭、集水区,确定流向,绘制水系等,为分布式水文模型的实现提供了便利条件。

按照模型采用的径流形成理论和方法,现有分布式水文模型主要可以分为松散型和耦合型两大类。芮孝芳等认为,具有物理基础的松散型分布式流域水文模型的优缺点正好介于两者之间,是值得深入开发的一种分布式流域水文模型。徐宗学等对分布式水文模型研究与应用现状进行总结,指出当前分布式水文模型的发展方向有以下 4 个方面:

(1)中尺度分布式水文模型是水资源管理中的热点,有待进一步深入研究;

(2)流域生态过程在分布式水文模型中的研究还有待加强；

(3)研究人类活动以及工程调度对水文过程的影响具有重要价值；

(4)提高遥感和地理信息系统(GIS, Geographic Information System)数据与水文模型的结合是未来的必然趋势。

1.3.1.3　分布式架构水文模型

尽管分布式水文模型能充分考虑流域空间分布的不均匀性,但由于其结构相对复杂、率定参数众多,极大地限制了其在不同地区,尤其是资料缺乏地区的应用。我国学者王船海等在借鉴了分布式水文模型建模原理的基础上,提出了分布式架构水文模型。该模型的主要理念是根据下垫面的不同特征和空间位置将计算区域分为不同水文特征单元,不同的水文特征单元采用相应的水文模型进行模拟,这个水文模型可以是集总式,也可以是分布式。

通过山区河道、平原河道以及湖泊水动力过程将不同的水文特征单元连接起来,其信息交换过程如图 1.4 所示。该模型体系主要有以下特点:

(1)可以吸收多种模型的优点;

(2)可以根据研究问题的需要采用多种类型的求解方法;

(3)能够充分利用下垫面信息等资料;

(4)非常适用于人类活动频繁的地区;

(5)具有强大的可扩展能力,能够吸收其他优秀模型的成果。

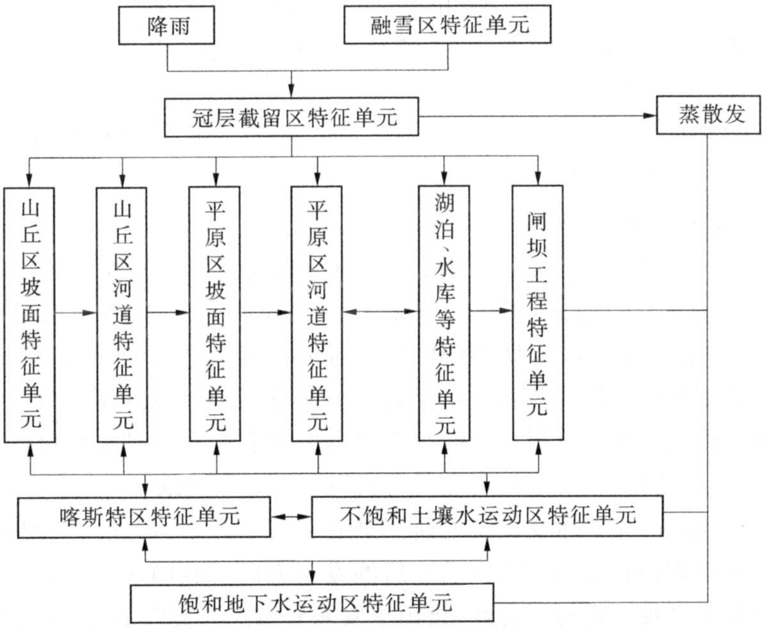

图 1.4　分布式架构水文模型各特征单元信息交换示意

对于我国平原河网地区可能涉及的水文单元可能有少部分山区河网与大面积平原河网,平原河网内又存在圩区、城市以及各类的控制工程等子单元。单一的水文模型很难全面地模拟这类地区的雨洪过程,因此分布式架构水文模型在平原河网地区应当有较好的应用前景。黄胜晔等基于分布式架构水文模型的理念,将鄱阳湖湖区分为水面、水田、旱地、林地、草地以及建设用地六类产流计算单元,并考虑了这六类计算单元的空间分布。山区汇流计算采用瞬时单位线方法,平原区采用经验公式法。模拟结果显示,该方法具有满意的模拟精度。然而,该研究未能将各个子流域的产汇流过程与河湖的涨落水过程动态地联系起来,所得的结果仅是各个计算单元的代数叠加。

1.3.1.4 常用水文模型及其特点

目前,广泛应用于工程领域的水文模型主要有以下几种:

(1)HEC-HMS 模型,是美国排水系统设计以及下垫面变化洪水响应研究的标准模型;

(2)NWS 模型,是美国用于洪水预报的标准模型;

(3)HSPF 模型及其水质扩展包,被美国环境保护局所采用;

(4)MMS 模型,是美国垦务局用于开展水资源规划和管理工作的标准模型;

(5)UBC 与 WATFLOOD 模型,广泛应用于加拿大的水文模拟;

(6)RORB 和 WBN 模型,是澳大利亚用于洪水预报、排水系统设计以及下垫面变化响应研究的标准模型;

(7)TOPMODEL 与 SHE 模型,是许多欧洲国家水文模拟的常用模型;

(8)ARNO、LCS 以及 TOPIKAPI 模型,由意大利学者开发,且在意大利获得十分广泛的应用;

(9)NAM 模型,是丹麦具有较高影响力的集总式模型;

(10)VIC 模型,一种大尺度半分布式模型,可以与陆地模型进行数据共享,且便于与全球气候模式耦合,在世界范围内得到广泛应用;

(11)新安江模型,在中国水文模拟领域具有非常高的地位,且有较高的国际影响力,非常适用于湿润和半湿润地区。

1.3.1.5 水文模型发展的挑战

美国学者 Singh 总结了全球范围内常用的 26 种水文模型,指出当前水文模型领域发展的挑战主要在以下几个方面:遥感(RS, Remote Sensing)数据、数字地形(DTM, Digital Terrain Model)数据、数字高程模型(DEM)数据的获取,同位素示踪,地理信息数据管理系统,地形表示,模型升尺度转换方程,水力学糙率、渗透系数以及降雨的时间和空间分布,水质模型与水文模型的连接。尽管现阶段在模型率定和数据处理方面已经足够重视,但是在模型验证、误差传播、不确定与可靠性分析方面还有所欠缺。

意大利学者 Todini 也对水文模型的研究进展进行了总结,重点提出现有研究在水文模型不确定性分析方面存在的问题以及今后的发展方向。我国学者芮孝芳对 15 个世界范围内较流行的水文模型进行了总结,指出了发展分布式水文模型是必然趋势,具有物理基础的松散式分布式水文模型最值得研制;地理信息系统(GIS, Geographic Information System)、遥感(RS)技术的兴起也为分布式模型的发展提供了机遇,水文学与 GIS、RS 技术的结合将有助于取得创新成果。

平原地区降雨径流计算与山丘区域有明显区别,较成熟的水文模型多是基于山区水文学的基本理论建立的,因此应用于平原河网地区时需要进行一定处理。如前文所述,由于平原地区产汇流过程的复杂性,采用水动力学模型和水文模型相结合的方式对平原河网地区雨洪过程进行模拟是目前常用的方法。

平原河网地区在产汇流过程中存在以下 3 个重要特点:

(1)不存在明显的分水岭,使子流域划分与流量归属难以界定。

(2)产汇流单元类型多样,包括圩区、城镇、湖泊以及农田等,需要不同的计算方法来描述。

(3)平原河网地区防洪主要依靠水闸泵站等工程体系,尤其是近年来越来越多的城市开展防洪"大包围"工程建设,对模拟平原河网地区雨洪过程有重要影响。

针对这些问题,现有研究利用太湖流域模型(HOHY2)、SWAT(Soil and Water Assessment Tool)模型、ISIS 模型、MIKE 模型等开展了相关研究。

1. HOHY2 模型

HOHY2 模型由河海大学程文辉教授等开发,是目前太湖流域管理局采用的标准模型。其降雨径流计算模块将平原河网地区下垫面分为水面、水田、非耕地、旱地以及城镇 5 种类型。各类下垫面产汇流计算方法如下所述。

1)产流过程计算

(1)水面。

水面产流由日降雨量减去日蒸发量所得的净雨深求得,利用综合水面率来计算每个子流域的产汇流量。河网、湖泊水动力模型中不考虑降雨和径流的影响,直接以源项的形式给出:

$$R_1 = P - \beta E \tag{1.1}$$

式中:R_1 为日净雨深,mm;P 为日降雨量,mm;β 为蒸发皿折算系数;E 为蒸发皿蒸发量,mm。

(2)水田。

根据平原河网地区农作物生长特点,按照水田需水过程和适宜水深上下限以及耐淹水深等参数,根据稻田灌排原则逐日进行水田产流计算,推求水田产水深 R_2:

$$H_2 = H_1 + P - \eta \cdot E - f \tag{1.2}$$

当 $H_2>H_P$ 时,$R_2=H_2-H_P$,$H_1=H_P$;

当 $H_U<H_2<H_P$ 时,$R_2=H_2-H_U$,$H_1=H_U$;

当 $H_d<H_2<H_U$ 时,$R_2=0$,$H_1=H_2$;

当 $H_2<H_d$ 时,$R_2=H_2-H_d$,$H_1=H_d$。

式中:H_1、H_2 分别为时段初、时段末水稻田水深,mm;η 为水稻生长期的需水系数,即各生长期内水稻田需水量与同期蒸发皿蒸发量的比值;f 为水稻田日渗漏量,mm;H_P 为各生长期水稻耐淹水深,mm;H_U 为各生长期水稻适宜水深上限,mm;H_d 为各生长期水稻适宜水深下限,mm。

水稻田时段产水量计算取决于排灌原则。排水，则产水量为正，$R_2 > 0$；灌溉，则产水量为负，$R_2 < 0$。

(3)非耕地。

非耕地产流模拟最初采用一层蒸散发模型，后来采用三层蒸散发的新安江蓄满产流模型。之后，王娟建立了平原河网地区非耕地 4 水层的产流模型。将非耕地依次分为土壤含水量强烈变化带、土壤含水量稳定带(土壤含水量为田间持水量)、毛管上升水带以及饱和带，饱和带在地下水位以下。将非耕地产流量记为 R_3，其详细计算方法参见相关文献。

(4)旱地。

旱地种植的作物需要维持一定的土壤含水量，因此需要根据研究区域的土壤特性确定下限土壤含水量 WW。对于圩区，农田灌水，按照当土壤含水量小于 WW 时灌溉至等于 WW，其产流计算公式基本与非耕地相同，只是需要根据土壤的湿度对产流进行一定的修正。旱地产流 R_4 用以下关系表示：

$$W = W_0 + P - \mathrm{EE} - R_3 \tag{1.3}$$

当 $\mathrm{WW}<W<\mathrm{WM}$ 时，产流不修正，$R_4=R_3$；

当 $W<\mathrm{WW}$ 时，$R_4=R_3+W-\mathrm{WW}$，$W=\mathrm{WW}$；

当 $W>\mathrm{WM}$ 时，$R_4=R_3+W-\mathrm{WM}$，$W=\mathrm{WM}$。

式中：R_3 为依据非耕地计算的产流，mm；R_4 为调整后的旱地产流，mm；W 为时段末的土壤湿度，mm；W_0 为时段初的土壤湿度，mm；EE 为时段蒸发量，mm；WM 为流域平均蓄水量，mm，即土层最大的可能缺水量，mm。

(5)城镇。

对于城镇产流的模拟，太湖流域模型最初用综合径流系数与城镇地区净雨的乘积来进行简单估算。经过逐步完善，形成了考虑透水层、具有填洼的不透水层以及完全不透水层的三水源模型，其基本结构如图 1.5 所示。

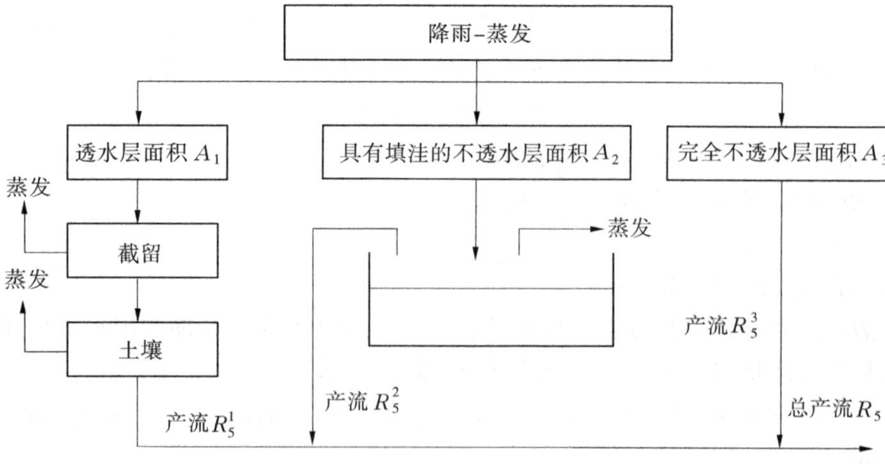

图 1.5　平原城市区域水文模型示意

a. 透水层产流计算。

透水层上的降雨经过植物截留、土壤蒸散发损失后产流。在植物截留阶段，根据植物截留量逐时段进行水量平衡计算，推求植物截留后降落在透水陆面上的有效雨量(FR)。

$$SEC_2 = SEC_1 + PE \tag{1.4}$$

当 $SEC_2 > SEC\_LIMIT$ 时，$FR = SEC_2 - SEC\_LIMIT$，$SEC_2 = SEC\_LIMIT$；

当 $0 < SEC_2 < SEC\_LIMIT$ 时，$FR = 0$；

当 $SEC_2 < 0$ 时，$FR = 0$，$SEC_2 = 0$。

式中：PE 为有效降雨量，mm；FR 为满足植物截留后，降落在透水层上的有效雨量，mm；SEC_LIMIT 为透水层植物最大截留量，mm；SEC_2 和 SEC_1 分别为时段初、时段末植物截留量，mm。

降雨满足植物截留后，有效降雨采用 FR，土壤蒸发采用土地蒸发能力，根据旱地产流模型计算其产流 R_5^1。

b. 填洼的不透水层产流计算。

需要填洼的不透水层产流计算要估算洼地中不形成径流部分的水量，由于这类资料相对短缺，一般采用水文资料分析得出的经验数据。根据时段初(STO_1)、时段末(STO_2)的洼地拦蓄量逐时段进行水量平衡计算，推求具有填洼的不透水层产流(R_5^2)。

$$STO_2 = STO_1 + PE \tag{1.5}$$

当 $STO_2 > STO\_LIMIT$ 时，$R_5^2 = STO_2 - STO\_LIMIT$，$STO_2 = STO\_LIMIT$；

当 $0 < STO_2 < STO\_LIMIT$ 时，$R_5^2 = 0$；

当 $STO_2 < 0$ 时，$R_5^2 = 0$，$STO_2 = 0$。

c. 完全不透水层产流计算。

有效降雨 PE 大于零时，不透水层径流深 R_5^3 等于有效降雨；有效降雨 PE 小于零时，不透水层不产流。

城镇区域总产流量 R_5 可按下式计算：

$$R_5 = A_1 \cdot R_5^1 + A_2 \cdot R_5^2 + A_3 \cdot R_5^3 \tag{1.6}$$

式中：A_1、A_2、A_3 分别为透水层、具有填洼的不透水层以及完全不透水层的面积。

2) 汇流过程计算

平原河网地区汇流过程计算分圩内过程和圩外过程分别进行。非圩区根据经验公式将计算所得的产流量以旁侧入流的形式就近汇入周边河网。圩区汇流过程则受排涝模数的限制，当产流量大于排涝能力时，多余径流量会滞留在圩内，等待时机排出。

2. SWAT 模型

SWAT 模型是由美国农业部的农业研究中心 Jeff Arnold 博士于 1994 年开发的。模型开发的最初目的是预测在大流域复杂多变的土壤类型、土地利用方式和管理措施条件下，土地管理对水分、泥沙和化学物质的长期影响。SWAT 模型以日为时间单位连续计算，是一种基于 GIS 的分布式流域水文模型。可利用遥感和地理信息系统提供的数据模拟多种水文物理化学过程，如水量、水质以及杀虫剂的输移与转化过程等。

李硕等基于 SWAT 模型，利用 ArcGIS 平台开发了适用于平原河网地区的分布式水文模型。采用概化、打断的方式将交叉、环状河网处理成单一的枝状河网，采用按河道分流比例跨子流域调水的方式来还原原始河道的水量传输过程,采用添加“虚拟水库”的方式来模拟人工圩区内外的水量交换,提出了“流域-子流域-水文响应单元”的空间离散方法。主要分为以下步骤:

(1)对河网进行分级,提取主干河网,并对其进行打断处理,形成单一的树枝状河网;

(2)将陆面DEM与河网栅格数据进行叠加,将与河道相邻的栅格小幅度抬高,加大高差,便于栅格向河道汇流和确定流向;

(3)将湖泊和洼地分为穿过河网和不穿过河网两类,对于穿过河网的一类,将湖泊与河网的两个交点分别定义为入流点和出流点,不穿过河网的洼地按照最短流程汇流;

(4)将小型的圩区与子流域进行整合,对于较大型的联圩和半山圩则单独划分为子流域,在SWAT模型中采用排水泵站与河网相连;

(5)为了修正将河网进行人工打断引起的水量分配误差,在SWAT模型中采用调水模块,将打断前的河道水量以一定的比例调入被打断的河道。

该模型能够较好地反映平原河网地区的水文循环特征,同时产生了一些非常规的观测资料需求,如打断河道的分流比例等。此外,该方法将平原地区原本的环状河网概化为树状河网,并固定了流向,这本身与平原河网地区有往复流动的特点存在一定矛盾,且该模型在闸泵枢纽等工程的模拟方面处理还不够精细。因此,利用SWAT模型模拟平原河网地区雨洪过程的精度尚有待提高。

3. ISIS模型

ISIS模型是由英国Willingford开发的河网水动力模型,能够同时处理河网产汇流单元与河道水动力模型的关系。刘浏等利用该模型建立了整个太湖流域的河网水文水动力模型。河网水动力模型的断面可以与洪水单元通过Abstraction单元连接起来,实现了水文模型与水动力模型的耦合。其水文模型计算将不同的洪水单元按照下垫面类型分为水面、水田、旱地以及城镇4种类型。净雨计算采用美国农业部水土保持局开发的SCS模型。该模型的优点是结构简单,仅需要率定一个参数。具体计算方式如式(1.7)、式(1.8)所示:

$$R = \begin{cases} \dfrac{(P - 0.2S)^2}{P + 0.8S} & (P \geq 0.2S) \\ 0 & (P < 0.2S) \end{cases} \tag{1.7}$$

$$S = \frac{25\,400}{\mathrm{CN}} - 254 \tag{1.8}$$

式中:R为净雨深,mm;S为流域当时的最大可能滞留量,是后损的上限,mm;CN为一个综合参数,用来反映降雨前流域的特征,与流域前期土地利用、土壤类型以及土壤湿度等有关。

1.3.2 河网水系提取与子流域划分

平原河网地区在构建水文模型过程中,由于其地势平坦、河网纵横交织,水系提取、流向确定以及子流域划分一直以来都是建模的瓶颈。

1.3.2.1　河网水系提取

Garbrecht 等通过对 DEM 数据进行高程分类梯度计算的处理，在平原地区实现了流向确定与水系划分。Barnes 等在 Garbrecht 成果的基础上进行改进，提出了不受地形平坦程度、汇流出口数量以及平原周围高地地形限制的流向确定方法。

该方法有如下优点：

(1)能确保平原地区在有出口的情况下有唯一解；

(2)此方法不需要迭代，单次计算即可确定范围内的所有解；

(3)给出了清晰实用的平原和高地边界分界线的判断方法；

(4)计算过程中不会丢失浮点精度；

(5)计算无须迭代，能够节省大量计算时间，耗时与栅格点数量为一次函数关系，而以往的方法至少为3/2次指数关系。

我国学者也在平原地区水系提取、流向确定以及子流域划分方面取得了一系列成果。一些学者利用SWAT模型在平原地区子流域划分方面进行了尝试，但这种方法还存在一定缺陷。如必须将原本"环树"结合的河网处理为单一的树状河网，与实际不符。传统的根据雨量站划分泰森多边形的方法虽然能够将研究区域快速分块，由于平原河网地区河道众多，且纵横交错，泰森多边形将区域分块后，会使一条河道出现多个断点，不利于一维水动力模型建模。李致家等研究了流域分块对新安江模型汇流参数的影响，结果表明，随着流域分块数量的增加，汇流参数的确定性增强，流域分块小于1 000 km^2 时，模拟精度显著提升。苏程等利用链码矩阵提出了平原地区流向确定的方法，避免了流向确定计算在 DEM 中寻找平原区的运算，并实现了填洼与流向确定过程的集成，提高了运算效率。

国内外学者在平原地区水系提取和分区方面的研究为构建分布式或半分布式水文模型奠定了很好的基础，我国平原地区由于人类活动影响严重，单独利用 DEM 或 RS 数据提取水系、确定流向存在着很多不确定性因素，子流域划分、集水域分块与河网水动力模型的关联方面多基于研究人员的经验，这些因素可能直接导致模型确定性降低。因此，在我国平原河网地区水文模拟中，需要结合实际水系分布状况，尽量多地根据产汇流特性将计算区域划分集水区域，以提高模拟精度，形成系统有效的方法。

1.3.2.2　子流域划分

建立流域水文模型时需要对研究区域进行子流域划分。山丘区域地形起伏较大，存在明确的分汇水边界，一般采用基于 DEM 的子流域划分方法。对于平原河网地区，地形平坦，且存在大量调蓄水面，基本不具备通过 DEM 数据直接提取河网和划分子流域的可行性。通常采用行政区划、泰森多边形以及河网多边形作为水文模型的最小计算单元。对于水文过程模拟，子流域划分方式的主要区别在于不同的面雨量的估算。当水文模型与水动力模型需要耦合时，不同子流域划分方式在建模的便利性方面有较大差别。

泰森多边形法划分子流域，不考虑河网的分布情况，会造成对河网的过度分割，如图1.6所示。子流域内的河网为大量不连续的河段，会导致子流域汇流量分配十分烦琐。此外，当雨量站点数量发生变化时，泰森多边形法需要重新对子流域划分，与之关联的水动力模型也要随之改变，造成很大的建模工作量。

河网多边形作为产汇流计算单元的方法考虑了河网分布，需要分别计算每个河道左岸和右岸的旁侧入流，这一过程涉及大量的拓扑关系识别和边界条件生成，也增加了水动力模型的复杂程度。

图 1.6　泰森多边形法划分子流域

1.3.3　平原河网水动力模型

平原河网水动力模型内容非常丰富，主要有河道、湖泊水动力过程，陆面洪水演进模型以及城市管网水动力模型等。针对这些问题，国内外学者开展了大量研究。平原河网水动力模型的研究尺度一般为城市区域或流域尺度。本书对这一尺度下的河道、湖泊以及水工建筑物水动力模型研究进展进行了归纳总结。

早期的平原河网水动力模型一般基于水量守恒与充分掺混假设。随着计算机技术与计算水力学的发展，利用数值方法求解圣维南方程组和二维浅水方程组的方法得到广泛应用。平原河网水动力模型主要的研究进展在于数值处理与模型多维度、多尺度耦合等方面。国内最早由林芳荣将数值模拟的方法应用于研究感潮河网地区的河道水动力与水质的变化。到 1993 年，梁瑞驹等建立了太湖流域水文模型，首次实现了水文模拟与河网水动力模拟的全过程耦合，对河网水动力模型的应用起到很好的推广作用。随着我国经济水平的提高，人们对防洪安全更加重视，尤其是在经济条件相对发达的平原河网地区的防洪规划、洪水风险图绘制以及防洪决策预案制定过程中，都会用到河网水文与水动力耦合模型。因此，有关平原河网水动力模型的研究成果数量也呈现逐年上升的趋势。近年来，学者们在河网地区分布式水文模型、闸站水量水质联合调度、GIS 技术以及城市地下管网模型方面取得了较多的成果。

1.3.4　圣维南方程组及其求解

平原河网水动力模型涉及河道一维水动力控制方程（圣维南方程组）的求解以及复杂河网的概化和处理方法。水工建筑物过流能力模拟等问题也是现阶段平原河网水动力模型的重要研究内容。针对这些问题，国内外学者开展了大量研究并取得了较多成果。

圣维南方程组属于一阶拟线性双曲型偏微分方程组,在数学上很难求得其解析解,需要采用数值计算的方法在特定近似的条件下求得其数值解。在计算机条件落后时期(1960 年以前),求解该方程组采用的方法有纯经验法、线性化方法、水文学方法、简化形式的水力学方法等。Stoker 于 1953 年首次利用数值计算的方法求解了完整的圣维南方程组,之后出现了大量的针对完整圣维南方程组的数学模型,即动力波模型。动力波模型根据其解法可以分为直接法和特征线法两类,其中直接法根据离散方法可以分为显式方法和隐式方法。显式方法对时间步长有较严格的限制,而隐式方法能够避免这一问题。但当流动存在瞬间变化时,如果时间步长太大,也会出现数值不稳定现象。最具有代表性的隐式方式有 Preissmann 加权四点格式(1961)和 Abbott 六点格式(1967),六点格式在处理边界条件方面比四点格式复杂。离散后的圣维南方程组分为线性和非线性两种,前者既可以直接求解也可以用迭代法求解,而非线性方程则必须用迭代法求解。

1.3.5　一维河网水动力模型求解

圣维南方程组描述的是一条河道的非恒定流问题,对于河网水动力问题,方程的数量会非常多,方程组求解更加困难。直接将有关的河道断面未知量和边界条件组成代数方程并联立求解的方法叫作直接解法,这种方法会形成不规则、不对称的大型稀疏矩阵。荷兰水利学家 Dronkers 提出了在求解过程中分节点和河道两级处理,使差分方程中的未知数压缩到只包含各交汇节点的水位和流量,节省了计算内存单元。我国学者张二骏、吴寿红与芮孝芳等对分级解法做了改进,衍生出了三级解法和四级解法,提高了计算效率。法国学者 Cunge 提出了一种"单元划分法的"的简化方式,将水位变化不大的某一片水体概化为一个单元,取单元的几何中心水位代表该单元的水位,并求出各个单元水位及单元间的流量,该方法不适用于水位变化较大的情况。姚琪等将分级解法、单元划分法与 Fread 提出的方法结合,首次采用松弛迭代法求解河网水动力过程。其基本理念是先将河网分解为单独的河道,再对每条河道分别进行求解,对节点处流量给出预估值,采用松弛迭代法逐步修正,直到逼近其精确解。求解每条单独的河道采用的迭代方法为 Newton-Raphson 法。我国学者朱德军等也采用 Newton-Raphson 法建立了能够模拟环状和树状河网的一维水动力模型,对汊点处水位进行预估校正,解决了汊点误差向多个方向传播的所谓"回水效应"问题,在三亚市河网模拟应用中获得了验证。

1.3.6　河网概化

平原河网地区建立水动力模型一般需要对河网进行概化。概化过程中需要使河道输水能力和调蓄能力与天然河网、湖泊相似。以太湖流域为例,为实现以上目标,对研究区域进行分类处理:

(1)高程在 10 m 以上的山丘区的汇流计算采用水文学方法,不对山丘区的河道、湖泊(水库)进行概化。

(2)圩区内的河网、塘坝,仅起到圩区内部的调蓄作用,影响圩内外的水量交换,在降雨产流模拟中予以考虑。因此,圩区内部的河网、湖泊不进行概化。

(3)平原区圩外的河网和湖泊需要概化。将次要河道合并为多条平行河道,或者用一条具有相同调蓄能力的河道来代替。

(4)小型湖泊一般概化为零维调蓄节点。较大型的湖泊概化为具有相同调蓄面积的一维河道。

为概化次要河道的调蓄能力,一般引入陆域宽度的概念,具体如图 1.7 所示。A、B、C、D、E 为 5 条河道,围成了如图 1.7 所示的多边形区域。将多边形内的区域离散为栅格,图中 s 为栅格与河道之间的距离。由于断面宽度较小的河道,可能出现过流能力不足以承泄陆域产流的情况,引入了模数 $F=A^2R^{1.23}$(其中 A 为平均水深下的过水面积,R 为对应的水力半径)。令 $f=s/F$,计算每个栅格与各河道的 f 值,取最小值将该栅格与河道进行关联,称与河道关联的所有栅格面积之和为该河道的陆域面积。

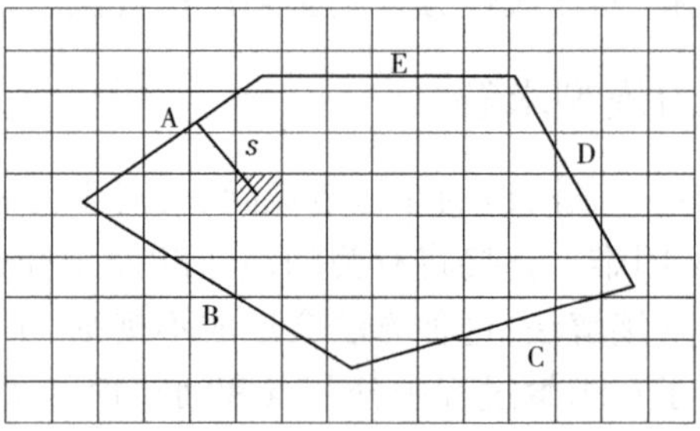

图 1.7　陆域宽度概化单元示意

以河道 A 为例,确定其陆域面积后,假设其左右岸分配得到的陆域面积分别为 A_l 和 A_r,设其左右岸陆域面积上的水面率分别为 P_l 和 P_r,则河道 A 的左右岸的陆域宽度如式(1.9)、式(1.10)所示:

$$W_{A_l}=\frac{P_l A_l}{L_A} \tag{1.9}$$

$$W_{A_r}=\frac{P_r A_r}{L_A} \tag{1.10}$$

式中:W_{A_l} 和 W_{A_r} 分别为河道 A 左岸和右岸的陆域宽度,m;L_A 为河道 A 的长度,m。

1.3.7　平面二维水动力模型

平原河网地区模拟湖泊、较大行洪河道以及陆面洪水演进过程需要用到平面二维水动力模型。平面二维水动力模型的基本控制方程为沿水深积分平均的 N-S 方程。其求解方法一般有特征法、有限元法、有限体积法、有限差分法以及有限分析法等,其中有限体积法和有限差分法较为常用。

求解离散后的代数方程常用的数值方法有:

(1)Leendertse 方法,是一种显格式和隐格式交替求解的方法,之后该方法的发明者对其进行改进,使之成为全隐式的方法。

(2)分步法,一类是分裂算子的方法,可以有效地将高维问题转化为低维问题;另一类是在求解过程中在时间上进行分步,即由 Peaceman Douglas 以及 Rachford 在 1955 年同时提出的ADI方法,具有较好的收敛性,且计算精度高,非常适用于曲线坐标系中。

(3)移步双向显、隐交替方法。其特点是将水位、水深、流速等变量均布置在同一个网格节点上,该方法吸收了传统的ADI方法的优点,有较强的稳定性、收敛性。近年来开始流行的利用TVD(Total Variation Diminishing,总变差不增格式)格式、MUSCL(Monotonic Upstream-centered Scheme for Conservation Laws,单调上游中心格式)格式以及TVD-MUSCL格式模拟河网地区溃坝激波的传播,在模拟精度和效率方面较传统的方法有较大提升。此外,基于Lattice Boltzmann Model(LBM)方法的水动力模型也得到越来越广泛的应用。随着GPU计算技术的普及,其与水动力数值模型的结合可以显著提高计算效率,为平原河网地区构建高精度洪水演进数值模型提供了效率保障。

1.3.8 复杂河网水文水动力耦合模型应用

国内外对于平原地区雨洪过程水文水动力模拟已经开展了大量研究,取得的成果可供我国平原河网地区雨洪模拟提供参考。我国对平原河网水文水动力模拟开展科学研究已有较长历史,取得的成果也较为丰硕,通过总结我国研究现状并结合其他国家建立模型的经验,有望得到复杂河网水文水动力模型建模方法的改进思路。

Ahmed利用MIKE11模型建立了加拿大Kemptville流域的水文水动力模型,考虑了河网、调蓄区域、侧向入流、湿地以及可控制的堤坝等要素。利用10年实测数据对模型进行率定和验证,表明该模型能够有效模拟该流域的水文与水动力过程。该模型成功应用于洪水过程线计算、洪水预报以及设计洪水演算等流域管理工作中。Huang等采用Monte Carlo方法建立了基于一维动力波方程的准二维水动力模型,研究了德国Elber河蓄滞洪区的洪水削峰效应。该模型与WASP5模型相比,有令人满意的精度。Horritt等对比了HEC-RAS、LISFLOOD-FP和TELEMAC-2D三种数值模型在英国Severn河洪水过程的模拟效果,结果表明,HEC-RAS模型在模拟洪泛区范围预测方面精度与一、二维耦合模型相当,各种模型的预测结果主要受阻力系数的影响。Shahapure等基于扩散波方程利用有限单元法建立了印度孟买市的雨洪过程模型,该模型与基于动力波方程的一维模型有接近的精度。通过与GIS数据、遥感数据以及城市蓄水池的分布数据的结合,模拟了潮汐与降雨影响下的城市洪水状况,分析了城市蓄水池分布与调蓄量对城市防洪的影响。

国内梁瑞驹、程文辉等建立了流域尺度的平原河网水文水动力模型,经过逐步开发和完善,形成了国内广泛应用的HOHY2模型。在该模型的基础上,王船海、朱琰等进一步将其开发为具有水文产汇流模型、一维河道水动力模型、平面二维水动力模型以及各种模型之间耦合的综合数字流域模拟系统,成功将其应用于我国长江、太湖、淮河等流域的防洪与水资源决策工作中。

随着国内外学术交流的增强,一些国外较成熟的水文水动力模拟程序开始引入国内,并获得了大量的工程应用。程海云等最早在国内介绍了丹麦水力学所开发的MIKE11软件,指出其在水动力模拟、洪水预报以及物质输运方面的主要功能。之后,国内出现了大量利用MIKE11软件进行洪水演进以及水质计算的应用研究,且呈现逐年上升的趋势。其研究范围涉及我国长江、淮河、辽河等许多流域,是众多水文水动力模拟软件中应用最广泛的一个。由荷兰水力学研究所开发的Sobek软件在我国最早的应用开始于2004年,王菲利用该软件分析了平原地区游荡型弯曲河道的洪泛过程,表明该模型有较高精度。之后,也有关于该模型在黄河、长江以及太湖等流域应用的报道。HEC-RAS 软件是由美国陆军工程师兵团水力工程中心开发的用于计算河道水动力与泥沙输运过程的软件,陆静依最早在国内对该软件的功能和应用情况进行了介绍。现阶段,该软件在国内水利工程设计中发挥着重要作用。Infoworks 软件同样是一款广泛应用于平原地区水文水动力建模的软件,由英国 Wallingford 公司开发,国内最早关于该软件的应用出现在 2004 年,近 3 年来,其应用研究明显增多。此外,由于我国城市内涝问题日益严重,用于模拟城市管网水动力过程的软件如 SWMM、MIKE Urban 等近年来在国内的应用也越来越多。表 1.2 对常用于河网地区的水文水动力模拟的软件进行了总结,可为相关研究人员在模型选用方面提供参考。

近年来,平原河网地区水文水动力模型的应用呈现明显的增加趋势,针对不同地区的特点合理地应用模型解决问题显得十分重要。刘浏等结合太湖流域的特点,分别在山区利用分布式 VIC(Variable Infiltration Capacity)水文模型、平原区采用集总式水文模型耦合 ISIS 河网水动力模型实现了整个太湖流域雨洪过程的模拟,取得了较好效果。这种具有分布式理念的建模思路,值得类似平原河网地区模型进行借鉴。

河网水文水动力耦合模型是研究未来变化环境下平原河网地区雨洪情势的有效工具。数值模型与 GIS 技术更加紧密地结合,可使模型尺度更多变、考虑的因素更全面。

1.3.9 变化环境对平原河网雨洪过程的影响

变化环境主要包括自然环境变化以及人类活动影响所产生的各类变化。具体到平原河网地区在自然环境变化方面,包括由于全球气候变暖所引起的降雨增多、降雨强度增大以及由海平面上升所引起的感潮河网出水口排涝能力减弱等问题。

人类活动对平原河网地区雨洪过程的影响主要体现在以下几个方面:

(1)城市化导致不透水地面增多;

(2)对河道与湖泊的改造改变了区域的调蓄能力;

(3)大量调控工程的建设使雨洪过程受人类干预强烈。

1.3.9.1 海平面上升

针对我国平原河网地区未来可能面临的问题,国内学者开展了大量研究。早在 1993 年温国平等就对珠江三角洲地区海平面上升背景下河网地区防洪和水质变化进行了预测,结果表明,海平面上升将产生汇潮点提前、城市水质恶化以及排涝不利等影响。刘克强与 Gong 等利用随机动态分析预测模型,研究得出我国东海附近海平面上升速度约为 4.87 mm/a,长江口附近海平面上升速度更快,达到 5.61 mm/a,结果表明太湖流域下游出口水位将受到海平面上升的顶托,不利于该地区未来的防洪安全,在防洪工程设施规划与设计中应予考虑。王腊春等建立了太湖流域河网水动力数学模型,模拟了长江口海平面上升 50 cm 与百年一遇高潮位相叠加时对太湖流域排涝的影响。海平面上升的影响几乎遍及我国太湖流域、珠江流域以及里下河地区等典型的平原河网地区,值得注意的是,气候变化引起极端降雨强度和频次的增强同样对平原河网地区有重要影响。

表 1.2　平原河网地区常用水动力模拟软件

软件名称	国家	可处理问题	数值方法与特点	是否开源	典型应用
MIKE 系列	丹麦	一维、二维、三维水动力、水质以及泥沙输运模拟	一维模型采用 Abbott 六点格式，二维、三维模型采用基于非结构或结构网格的有限体积法，可以通过 MIKE Flood 模块实现模型多维耦合，从 2014 版本起支持 GPU 加速	否	Stisen et al. 丹麦
Delft3D	荷兰	二维、三维水动力、水质以及泥沙输运模拟	采用基于曲线正交坐标系的结构化网格、有限差分法离散、ADI 方法求解。目前，已经开发出基于非结构网格的算法	是	Muis, et al. 全球尺度模型
SMS	美国	二维、三维水动力与泥沙输运模拟	二维模型为基于非结构四边形和三角形网格的有限单元和有限差分法，三维模型采用有限单元法	否	杨德轩 （平原河道桥梁壅水）
EFDC	美国	二维、三维水动力、水质与水生态模拟	基于结构化正交曲线网格，采用混合有限体积法与有限差分法求解，可建立复杂的水生态模型，水质模型有较高精度	是	Irie, et al. Osaka 河网
Sobek	荷兰	河道一维与陆面二维洪水演进耦合模拟，并能模拟水质变化与泥沙输运	一维模型基于 Delft-Scheme 格式进行离散，该格式类似于 Abbott 六点格式，将水位计算节点与流量计算节点交错布置。二维模型基于正交结构网格的有限差分法求解	否	Twight, et al. 珠江三角洲
HEC-RAS	美国	一维河道洪水演进与泥沙输运模拟	采用有限差分法求解圣维南方程组，考虑河道交汇流节点的动量和能量守恒	否	Demir, et al. Mert 河流域
Infoworks ICM	英国	集成了一维、平面二维以及一些简单的集总式水文模型，可以实现多维度的耦合计算	一维模型基于 Preissmann 四点隐格式求解，二维模型采用基于 Godunov 和黎曼解为基础的有限体积方法，可利用 ADI 与 TVD 格式进行求解	否	Peng, et al. 上海市
SWMM	美国	整合了城市区域产汇流计算水文模型，并可以计算城市地区水质变化	采用曼宁公式和连续方程模拟城市地表汇流过程，采用圣维南方程组模拟城市管网流量演进过程	是	Greenberg 芝加哥，伊利诺伊州

1.3.9.2　极端降雨

李双林等基于 IPCC AR4 给出的排放情景预测在 A_{1B}、A_2 和 B_2 情景下，长江中下游地区年平均强降水日数、单次强降水强度均有不同程度的增加，增加比例在 15%～30%。徐宗学等基于太湖流域 1954—2006 年实测降雨数据，利用动力降尺度模型 PRECIS 推测 2021—2050 年太湖流域全年降雨量将明显增强。黄俊雄等基于降水、气温、相对湿度、日照时数的变化趋势和时空特征预测太湖流域东南部降水量呈现增加趋势，而西北部地区则呈现轻微减小趋势。Han 等利用长江三角洲地区 16 个城市区域雨量站数据，通过 Mann-Kendall 趋势检验分析表明：长江三角洲地区连续降雨天数、最大日降雨量、最大 5 日降雨量以及最大降水总量均呈现上涨趋势，上海、南京、宁波等大城市面临较大的洪水威胁。此外，前文所述的城市化所引起的河网水系连通性的改变也会对未来平原河网地区防洪安全产生重要影响。以上因素都是变化环境对平原河网地区防洪安全产生影响的重要方面。

1.3.9.3　城市化

城市化的水文效应是全球范围内的热点研究课题，我国东部相对发达的平原河网地区也面临着这一考验。一般认为，城市化会给水文过程带来以下多方面的负面影响：

（1）据 Rose 等估计，城市化地区洪峰流量比低城市化时期和未城市化前要高 30%，甚至高 100%以上。

（2）城市化后的光滑地面使陆面糙率系数减小，洪水波成峰时间加快，河道调蓄能力下降，洪峰出现时间大大提前。

（3）由于径流由势能转化为动能的过程加快，理论上会增强洪水对下游地区的冲刷。

（4）城市不透水陆面的增加会使地下水位降低，造成城市湿地和河道缺少水源补给，甚至造成地面沉降。

1. 城市化对洪水过程的影响

2000 年之前针对城市化不透水陆面增加的水文效应研究主要涉及洪峰到达时间、洪水流量、平滩流量、洪水历时、河道断面形状演变、洪水重现期以及基流变化等方面。Jacobson 总结了早期关于城市化水文效应的研究结果，见表 1.3。

进入 21 世纪后，学者们开始逐渐量化地研究城市不透水面积对水文过程的影响。Sheeder 等对一个部分城市化地区进行研究，发现一场洪水中存在由城市和乡村区域分别引起的两次洪峰，两次洪峰的出现与城市化率和城市在区域中的地理位置有关。McMahon 等的研究确定了城市化与河道洪水暴涨呈正相关关系，然而这种正相关随着城市化陆面分布的不同体现出不同的强弱。Baker 等利用流量变化率作为评价洪水上涨程度的定量指标，对比研究发现，城市化程度高的地区，该指数也更高。该指数与农业、水利工程措施明显相关。尽管早期有学者提出，城市化可能使下游地区河道面临冲刷问题的预测，但据 Pizzuto 等、Kang 等以及 Nelson 等的实地调查结果来看，城市化对河道地形的影响并不明显，他们认为造成这个现象的原因是人类对河道与滩地的保护足以抵消城市化的影响。城市化对河道基流的影响成了近年来的研究热点。一般认为，城市化会造成河道基流减小，但是据 Ku 等、Brandes 等的研究表明，市政储水设施能够有效对基流进行补给，城市化对基流的影响在大多数流域很难观测得到，城市化后流域之间的调水对水文过程的影响更加重要。

表 1.3　关于城市化地区水文效应的早期研究结论

作者	研究对象	研究结论
Espey 等(1966 年)	洪峰到达时间	缩短
	洪峰流量	增加
Leopold(1968 年)	平滩流量	增加
Seaburn(1969 年)	洪水历时	缩短
Hammer(1972 年)	河道断面面积	增大
Hollis(1975 年)	小洪水重现期	急剧增加
	大洪水重现期	轻微增加
Graf(1977 年)	河网密度	增加
	洪峰到达时间	缩短
	峰值瞬时流量	增加
Arnold 等(1982 年)	河岸冲刷	增加
	河床床面粒径	增加
	推移质输沙量	增加
Simmons 和 Reynolds(1982 年)	基流	减少

2. 城市化对水系结构的影响

城市发展不仅改变了陆面的产汇流情况,平原河网地区水系结构也在城市化过程中发生了重大改变。关于水系结构的研究可以追溯到 Horton (1945)和 Strahler (1952) 提出的水系组成结构理论,然而这些理论多被应用于自然状态下山区流域的水系结构变化研究。

杨凯、袁雯等和吴挺峰等较早研究了我国平原河网地区水系结构变化及其对水文效应的影响。研究发现,我国平原河网地区在城市化以及社会经济发展进程中,将河道排水改为管道排水,河流水面被人为侵占、河网末端大量村(镇)级小河流被填埋,河网水系自然的调蓄功能萎缩,高度城市化地区非主干河道不断减少,河网结构趋于简单,河网有单一化以及主干化的趋势。城市化在达到一定程度后即会改变河流结构的天然发育情况。河网调蓄能力随着城市化水平的提高而下降。总体上,城市化对河网调蓄能力的影响大于对河流结构的影响。河网密度的减小会使河道的纳污能力变弱,这表明城市化使末端河网萎缩后可能引发主干河道的水环境问题。赵军利用景观格局理论研究了上海地区的水系变化,结果显示,近 60 年以来上海中心城区在快速城市化过程中河流水域急剧消亡,区域河道数量由 465 条锐减为 63 条,河网密度下降了 67%,河道数量上的消失速度快于长度上的消失速度。河道消亡速度具有阶段性,1990 年后河道消亡速度达到最快,为 11.28 km/a,消亡河道主要集中于 200~1 000 m 的中小河道,占总消亡河道数的 60%。由于河道的消亡,上海地区的河网连通性开始降低,1994年,河网连接率已经小于1。单媛媛等根据长江下游东部地区河网的特点构建了平原河网地区河流生态健康评价指标体系。茹彪等提出了基于河道自然、社会双重属性平原河网水系连通评价理论。孟祥永等引入了水系水力连通性概念,包括区域水流动势与河网输水能力两个指标,并利用该指标对淮安市的河网水系连通度进行了综合评价。韩龙飞等选取河网密度、水面率、干流面积长度比、支流发育系数以及盒维数对长江三角洲地区50年来的水系变化进行了研究,结果表明,各个参数都有不同程度的衰减,造成这个现象的主要原因是长三角地区城镇用地日益扩张、水利工程修建以及农田水利改造(湖泊围垦、灌渠改造)等活动。高强等以广州市海珠区为例进行了河网连通性修复的工程实践,评估了河网连通性修复对区域水环境的影响,表明增加河网连通性可有效改善水环境。

平原河网地区城市化所引起的水系特性改变还体现在河湖连通关系方面。Yin等利用河湖网络盒分形维数以及水位实测数据赫斯特指数分析了太湖流域河湖关系的历史变化情况。结果表明,太湖流域的河湖连通性在衰退,且这一问题使太湖流域面临洪水频次增加的威胁。左其亭等提出了河湖水系连通理论体系框架,宏观上阐述了与河湖水系连通理论相关的关键理论及技术。

城市化导致城市地区洪水频次和强度增加的结论是一致的,量化地评估城市化参数如不透水面率与洪峰流量变化率等因素之间的关系还未取得普遍性的结论。此外,城市化所引起的平原河网地区水系结构萎缩与河湖连通性改变会对城市地区水文过程产生影响。在城市化的过程中,人类也发挥了积极的作用,如修建泵闸等调控工程、增加洪水调蓄设施以及在工程设计中考虑生态环境影响等。这些因素在水文水动力模型中的反映有助于提高模拟精度。

总体上,我国平原河网地区极端降雨频次增强在气候变化的背景下呈现上升趋势是较为确定的,海平面上升对平原河网的顶托作用使得该地区洪水风险进一步增强。未来极端降水与海平面上升的叠加出现的可能性很大,会进一步增加平原河网地区的洪水风险。数值模型是研究未来情景下平原河网地区雨洪情势的重要工具。然而,现有的变化环境下平原河网水文水动力响应的模型研究,所考虑的变化因素还较为单一。综合考虑极端降雨、海平面上升、城市下垫面增加以及工程调控的影响,是需要开展的研究工作。

1.3.10 平原河网地区洪水风险评估

洪水风险评估内容一般包括洪水特性,如淹没水深、淹没历时、流速、避难说明与指导等。国外开展洪水风险评估工作较早,欧洲地区于2006年成立了欧洲洪水风险图交流圈计划,便于其成员国在洪水风险评估方面进行沟通和协作。美国早在19世纪就开始建立洪水保险制度,并于1968年通过了《全国洪水保险法》,1969年制定了“国家洪水保险计划”,通过对这些制度进行逐步修正,形成了较为完善的洪水风险管理体系。我国也于2010年颁布了《洪水风险图编制导则》,并在2017年进行修编,规定我国洪水风险图需要给出河流水系、地形、行政区划、防洪工程、道路及相关构筑物、主要居民点分布、避险设施、避难场所、转移路线等信息。

平原河网地区洪涝灾害具有淹没范围大、历时长的特点。由于地势平坦,计算洪水淹没范围时很难像山丘区域一样获得明确的洪泛区域。因此,对平原地区进行洪水风险评估时很难得到具体淹没范围、深度和历时,常需要用一些等效的方法来对洪水灾害进行评价。胡昌伟采用COM、AUTOMATION、管道通信与多程序间同步技术建立了太湖流域洪水风险模拟平台。利用该平台研究了降雨量增加、海平面上升、沿江沿海外排涝能力增强、下垫面变化、防洪排涝关系变化以及抽排能力提高等对太湖流域洪水风险的影响。然而该研究用于评价太湖流域洪水风险的主要因子为太湖水位,且未针对不同情景下社会经济状况给出评价。Jiabi等针对平原河网地区防洪设施洪水风险提出了分析方法,利用单一代表脆弱性曲线给出了防洪单元的堤防安全风险指标,结合专家系统和已知数据为堤防可靠性分析提供了依据。研究成果可为平原河网地区堤防洪水风险提供评价。李帅杰以福州市为例建立了该地区的雨洪过程仿真模型,在此基础上对其洪水风险进行了分析,并提出了增加城市调蓄能力、屋顶雨水收集装置、调节水库调度等应对策略,利用所建立的模型对这些方案的实施效果进行了估计。作者还提出了针对不同目标和人群的洪水风险图编制理论体系,可为平原河网地区洪水风险决策提供参考。

平原河网地区洪水风险评估仍然是灾害科学领域的一个难点,考虑我国平原河网地区多为经济发达的城市区域,进一步研究这些地区的洪水风险具有重要意义。然而,对于较小的流域和城市,其经济数据获取和未来情景预测都存在较多难点。建立具有操作性较好的数学模型和风险评估方法对这些区域未来发展和我国洪水管理水平的提高有重要意义。构建更加高效、准确的雨洪过程数值模型是关键环节。

第2章　复杂平原河网地区雨洪过程模拟理论

平原河网地区雨洪过程模拟包含降雨径流过程模拟与河道湖泊水动力模拟两大方面,涉及水文模型、水动力模型及模型之间的耦合。丹麦水利研究所开发的MIKE系列软件具有水文与水动力耦合模拟的能力,在复杂平原河网地区雨洪过程模拟方面具有较多的成功应用案例。本章对该软件在复杂平原河网地区雨洪过程模拟中主要用到的水文模型和一、二维水动力模型模块计算原理进行介绍和说明。

2.1　水文模型

2.1.1　NAM水文模型

丹麦水利研究所开发的MIKE软件中的RR(Rainfall-runoff,降雨径流)模块包含多种集总式水文模型。其中的NAM水文模型被广泛应用于平原河网地区的降雨径流计算。该模型描述的降雨径流过程如图2.1所示。NAM模型既可以用于小型流域的产汇流计算,也可以用于较大型流域。从20世纪70年代起,NAM模型已经过大量工程实践的检验。

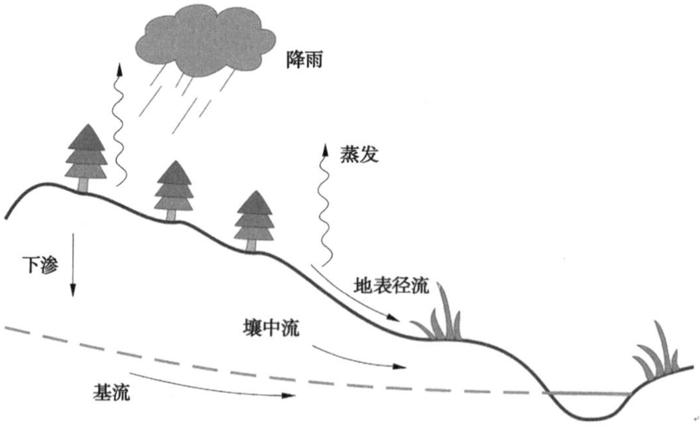

图2.1　NAM水文模型的降雨径流过程

NAM水文模型采用经验或半经验性的公式描述流域水文过程,其模型参数代表研究区域的平均值,可依据研究区域的自然特征进行初步拟定,在此基础上,运用水文资料进一步率定。NAM水文模型将水文过程概化为融雪蓄水层、地表蓄水层、浅层蓄水层及地下水蓄水层,其基本结构如图2.2所示。

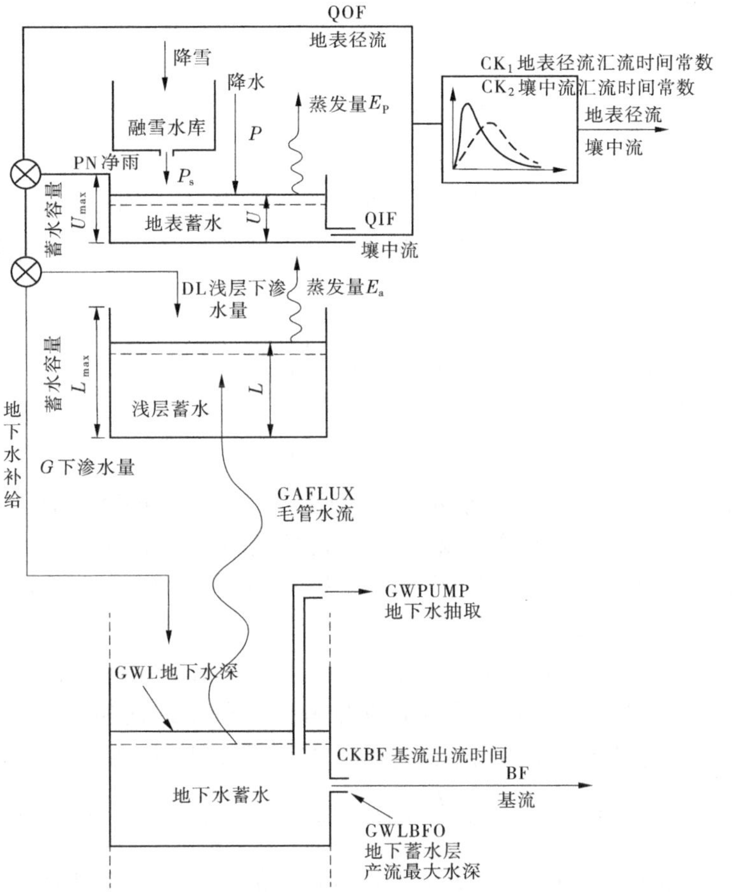

图 2.2　NAM 水文模型结构

2.1.1.1　产流过程计算

1. 地表蓄水

地表蓄水主要指的是雨水填洼、植物截留和田间持水等。U_{max} 代表地表蓄水层蓄水量的最大值。当地表蓄水层的蓄水量>U_{max} 时，其多出的一部分水量即会以地表径流的形式流入河道，而另外的水量则会进入浅层蓄水层以及地下水蓄水层。地表径流产生的必要条件是地表蓄水层的蓄水量 $U>U_{max}$。而在比较干旱少雨的季节，U_{max} 可以先用形成地表径流之前的地区净雨量进行初步拟定，然后通过水文资料进行率定。

2. 浅层蓄水

浅层蓄水层的土壤含水量 L 代表这个蓄水层的蓄水量。L_{max} 代表浅层蓄水层蓄水量的最大值。浅层蓄水层能被植物进行蒸腾作用，其水分会随着蒸发而损失，它控制着进入地下水调蓄区的水量、壤中流流量和地表径流流量。

3. 土壤水分蒸发蒸腾损失

如果地表蓄水层的蓄水量 U 超过蒸发量 E_P，则以 E_P 蒸发。而当地表蓄水层的蓄水量 U 小于实际蒸发需求量的时候，不足部分则需从浅层蓄水层进行补给。假定补给速率

为 E_a,E_a 与潜在蒸发量成正比,且与浅层蓄水层的相对含水量也呈线性变化,如式(2.1)所示。

$$E_a = (E_P - U) \cdot \frac{L}{L_{max}} \tag{2.1}$$

4. 地表径流

当 $U>U_{max}$ 时,超出部分水量将会形成地表径流和地下渗漏。QOF 表示超出水量产生的地表径流。在 NAM 模型中,假设它随浅层蓄水层的相对含水量呈线性变化。

$$\mathrm{QOF} = \begin{cases} \mathrm{CQOF}\dfrac{\dfrac{L}{L_{max}} - \mathrm{TOF}}{1 - \mathrm{TOF}}P_N & \left(\dfrac{L}{L_{max}} > \mathrm{TOF}\right) \\ 0 & \left(\dfrac{L}{L_{max}} \leqslant \mathrm{TOF}\right) \end{cases} \tag{2.2}$$

式中:CQOF 为地表径流系数(0≤CQOF≤1);TOF 为地表径流的临界值(0≤TOF≤1)。

渗入浅层蓄水层的水量,即部分未形成地表径流的超出水量,其中一部分下渗水量(DL=PN-QOF)会增加浅层蓄水层的含水量,另外的下渗水量(G)则会向更深处下渗,并且与地下水调蓄区进行交换。

CQOF 代表研究区域的降雨形成地表径流与下渗水量的比例,描述了地下蓄水层的渗透特性。一般对于粗砂土壤和有大面积非饱和地带的平坦区域来说,CQOF 一般应取较小的值;而对于透水性较差(如黏土或者裸露岩石)的区域来说,CQOF 一般取较大值。

如果浅层蓄水层的相对含水量 $\frac{L}{L_{max}}$<TOF,则没有地表径流产生,如图 2.3 所示。同理,TIF 代表壤中流的临界值,TG 代表地下径流临界值。TOF、TIF 和 TG 这 3 个临界值起到反映区域空间变化特性的作用。因此,空间特性差异较大地区的临界值一般比空间特性均匀地区的临界值低。

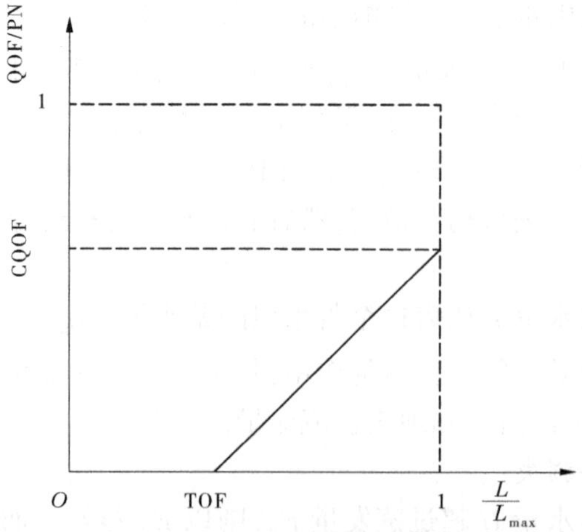

图 2.3 地表径流的临界值

临界值一般可以依据区域的浅层蓄水层达到饱和并产生地表径流的时间选取。由于这些是由临界值在湿润和干旱交替的时段所决定的,在雨季,这些参数一般只在最初几天或几个星期才产生影响,在雨季这些参数的重要性相对较弱。但是,在半干旱地区,这些参数则相对重要。TOF 的取值一般为 0~0.7。

5. 壤中流

壤中流 QIF 假定与 U 成正比,并且随着浅层蓄水层的相对含水量呈线性变化:

$$\mathrm{QIF}=\begin{cases}\mathrm{CKIF}^{-1}\dfrac{\dfrac{L}{L_{\max}}-\mathrm{TIF}}{1-\mathrm{TIF}}U & \left(\dfrac{L}{L_{\max}}>\mathrm{TIF}\right)\\ 0 & \left(\dfrac{L}{L_{\max}}\leqslant\mathrm{TIF}\right)\end{cases}\tag{2.3}$$

式中:CKIF 为壤中流的时间常数;TIF 为浅层蓄水层壤中流的临界值(0≤TIF≤1)。

壤中流的流量 CKIF^{-1} 表示每小时从地表蓄水层进入壤中流的水量,由 CKIF 和 $U_{\max}$ 共同影响。因为 CKIF>>CK_2,所以它是壤中流演算过程中的主要参数。一般来说,壤中流很少能够成为河道水流的组成部分,因而 CKIF 取值对计算结果影响较小。

6. 基流

地下蓄水层的水量一部分经过汇聚会形成基流 BF,另外一部分则会上升到浅层蓄水层。和$\dfrac{L}{L_{\max}}$以及地下水位到地表的距离密切相关的毛管通量即代表从地下蓄水层上升到浅层蓄水层的水量。

$$\mathrm{CAFLUX}=\left(1-\frac{L}{L_{\max}}\right)^{1/2}\left(\frac{\mathrm{GWL}}{\mathrm{GWL}_{\mathrm{FL1}}}\right)^{-\alpha}\times 1\ \mathrm{mm/d}\tag{2.4}$$

式中:$\alpha=1.5+0.45\mathrm{GWL}_{\mathrm{FL1}}$;$\mathrm{GWL}_{\mathrm{FL1}}$ 为在根系带完全干枯的情况下,毛管水流为 1 mm/d 时对应的地下水深。

地下水位计算一般是基于对毛管通量 CAFLUX、下渗水量 G、地下水净抽取量 GWPUMP 和基流 BF 这几个参数的连续运算而得到的。参数 CAFLUX 可由每个月的净抽取率计算得到,因而该参数并不是固定的。基流可用出流时间为 CKBF 的线性水库的出流来进行表示,如式(2.5)所示:

$$\mathrm{BF}=\begin{cases}(\mathrm{GWL}_{\mathrm{BF0}}-\mathrm{GWL})S_{\mathrm{Y}}\cdot\mathrm{CKBF}^{-1} & (\mathrm{GWL}\leqslant\mathrm{GWL}_{\mathrm{BF0}})\\ 0 & (\mathrm{GWL}>\mathrm{GWL}_{\mathrm{BF0}})\end{cases}\tag{2.5}$$

式中:$\mathrm{GWL}_{\mathrm{BF0}}$ 为地下蓄水层产流的最大水深,mm;S_{Y} 为地下蓄水层出水系数。

2.1.1.2　汇流过程计算

在 NAM 水文模型中,地表径流的汇流计算采用单一线性水库模型,汇流时间为 CK_1。壤中流的汇流计算采用两个串联的线性水库,且这两个线性水库取相同汇流时间常数 CK_2。在 NAM 水文模型中,将基流看作一个线性水库的出流,其汇流时间为 CKBF。模型中的地表径流、壤中流和基流均分别通过线性水库汇流计算,在出口断面处叠加,最终得到流域的总径流量。

2.1.1.3　模型主要输入参数及取值范围

NAM 水文模型的主要输入参数、物理含义及其影响如表 2.1 所示。NAM 水文模型是一个较为综合的集总式水文模型,可以通过调整模型参数描述不同类型下垫面的产汇流过程。该模型具备根据已知流域出口流量资料优选参数的功能。平原河网地区的子流域不存在明确的汇流出口,导致汇流计算带有不确定性,因此应用 NAM 水文模型计算平原河网地区降雨径流时仍然需要根据现有资料和前人研究结果进行敏感性分析和试错调整。

表 2.1　NAM 水文模型主要输入参数、物理含义及其影响

参数	含义	影响	一般取值范围
U_{max}	地表蓄水层蓄水量的最大值	影响蒸发和水量的平衡	10~25 mm
L_{max}	浅层蓄水层蓄水量的最大值	影响蒸发和水量的平衡	50~250 mm ($U_{max} \approx 0.1\ L_{max}$)
CQOF	地表径流系数	表征地表径流和入渗水量的分配比例	0~1.0
TG	地下径流临界值	汛期开始时延迟地下水补充的发生	0~0.99
TOF	地表径流临界值	汛期开始时延迟地表径流的形成	0~0.99
TIF	壤中流临界值	汛期开始时延迟壤中流的形成	0~0.99
CKIF	壤中流出流时间	与 U_{max} 一起决定壤中流流量	500~1 000 h
$CK_{1,2}$	地表径流和壤中流汇流时间常数	决定流量峰值形状	3~48 h
CKBF	基流出流时间	决定基流过程线的形状	500~5 000 h

2.1.2　Urban 水文模型

MIKE 软件提供了适用于城市流域的产汇流计算模型——Urban 水文模型。Urban 水文模型分为 A、B 两种类型。模型 A 采用“时间-面积”方法,模型 B 采用非线性水库(运动波)方法。模型 A 模拟洪水过程线需要人为给定汇流时间,适用于较大片区的城市流域。模型 B 适用于面积较小的城市流域,对强降雨引起的洪水过程模拟效果较好。因此,对于水动力模型与水文模型耦联求解城市区域雨洪过程更适宜采用模型 B。

模型 B 将下垫面分为透水陆面和不透水陆面。其中,不透水陆面又分为陡峭陆面与平坦陆面两类。不透水陆面按照渗透性分为低渗透性、中等渗透性以及高渗透性陆面 3 类。采用运动波模型(曼宁公式)计算洪水过程线。透水陆面下渗通过修正的霍顿公式进行计算。子流域产汇流连续过程计算方法可参考相关文献。

采用模型 B 进行产汇流计算时,不透水区域需要输入的参数有初损系数、填洼损失以及曼宁糙率系数。对于透水陆面,除了要指定各类渗透性陆面所占的比例,还需要输入初始渗透率、最终渗透率、霍顿指数以及逆霍顿方程渗透恢复率等参数。

2.2 水动力模型

表达河道一维非恒定流动的控制方程由法国工程师 Saint-Venant 在 1871 年提出，因此叫作圣维南方程组。对于平原地区湖泊、大型行洪河道以及陆面洪水演进过程，需要用平面二维模型进行模拟。平面二维模型的基本控制方程为沿水深积分平均的 N-S 方程。

2.2.1 一维模型

2.2.1.1 控制方程

描述河道水动力过程的圣维南方程组由连续方程和动量方程组成：

$$\frac{\partial Q}{\partial x} + B_t \frac{\partial Z}{\partial t} = q \tag{2.6}$$

$$\frac{\partial Q}{\partial t} + 2u \frac{\partial Q}{\partial x} + (gA - Bu^2) \frac{\partial Z}{\partial x} - u^2 \frac{\partial A}{\partial x}\bigg|_Z + g \frac{n^2 |Q| Q}{AR^{1.333}} = 0 \tag{2.7}$$

式中：x、t 分别为河道纵向坐标及时间，s；Q、Z 分别为断面流量(m^3/s)及水位(m)；q 为单位河长的旁侧入流量[$m^3/(s \cdot m)$]；A 为过水断面面积，m^2；u、R 分别为过水断面平均流速(m/s)及水力半径(m)；$\frac{\partial A}{\partial x}\Big|_Z$ 为水位相同时的断面沿程变化率；g 为重力加速度；等效河宽 $B_t = B + B_w$，其中 B 和 B_w 分别为河宽和附加滩地宽度，m。

2.2.1.2 求解方法

一维河网水动力学模型求解圣维南方程一般采用有限差分法，常用离散方法有 Preissmann 四点隐格式和 Abbott 六点交错格式。MIKE 软件一维水动力模型采用 Abbott 六点交错格式，具体计算方法如下。

1. 控制方程离散

在连续方程中引入蓄存宽度 B_s，有：

$$\frac{\partial A}{\partial t} = B_s \frac{\partial h}{\partial t} \tag{2.8}$$

将连续方程写成：

$$B_s \frac{\partial h}{\partial t} + \frac{\partial Q}{\partial x} = q \tag{2.9}$$

将连续方程按照以 h 点为中心的差分格式进行离散，如图 2.4 所示，得到：

$$\frac{\partial Q}{\partial x} \approx \frac{\dfrac{Q_{j+1}^{n+1} + Q_{j+1}^{n}}{2} - \dfrac{Q_{j-1}^{n+1} + Q_{j-1}^{n}}{2}}{2\Delta x_j} \tag{2.10}$$

$$\frac{\partial h}{\partial t} \approx \frac{h_j^{n+1} - h_j^{n}}{\Delta t} \tag{2.11}$$

在连续方程中，蓄存宽度 B_s 可写成 $B_s = \frac{A_{0,j} + A_{0,j+1}}{2\Delta x_j}$，其中 $A_{0,j}$ 表示从网格点 $j-1$ 到网格

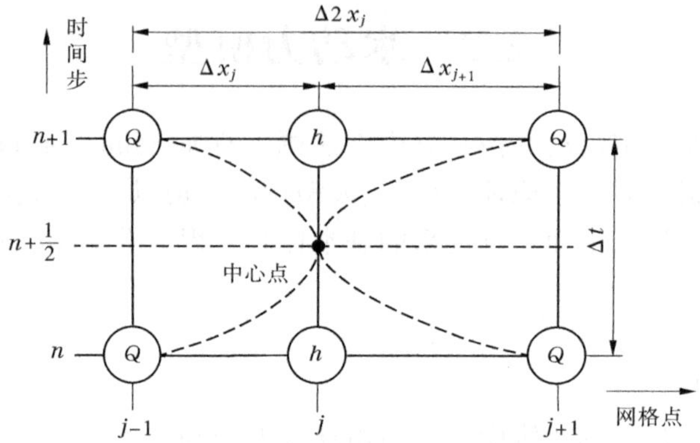

图 2.4　以 h 点为中心的差分格式示意

点 j 的水面面积，m^2；$A_{0,j+1}$ 表示从网格点 j 到网格点 $j+1$ 的水面面积，m^2；$2\Delta x_j$ 表示从网格点 $j-1$ 到网格点 $j+1$ 的距离，m；Q_{j+1}^{n+1} 表示网格点 $j+1$ 在 $n+1$ 时步的流量，m^3/s；其他符号意义依此类推。

整理后，得到：

$$\alpha_j Q_{j-1}^{n+1} + \beta_j h_j^{n+1} + \gamma_j Q_{j+1}^{n+1} = \delta_j \tag{2.12}$$

式中：$\alpha_j = f(A)$；$\beta_j = f(A, \Delta t, \Delta x, C, A, R)$；$\gamma_j = f(A)$；

$\delta_j = f(A, \Delta t, \Delta x, \alpha, q, v, \theta, h_{j-1}^n, Q_{j-1}^{n+\frac{1}{2}}, Q_j^n, Q_{j+1}^{n+\frac{1}{2}}, h_{j+1}^n)$。

α_j、β_j、γ_j 是关于 B_s 和 δ_j 的函数，其值依赖于 n 时刻的 h 和 $n+\frac{1}{2}$时刻的 Q。

将动量方程按照以 Q 点为中心的差分格式进行离散（见图 2.5），得到：

$$\frac{\partial\left(\alpha \frac{Q^2}{A}\right)}{\partial x} \approx \frac{\left(\alpha \frac{Q^2}{A}\right)_{j+1}^{n+\frac{1}{2}} - \left(\alpha \frac{Q^2}{A}\right)_{j-1}^{n+\frac{1}{2}}}{2\Delta x_j} \tag{2.13}$$

$$\frac{\partial h}{\partial x} \approx \frac{\frac{h_{j+1}^{n+1} + h_{j+1}^n}{2} - \frac{h_{j-1}^{n+1} + h_{j-1}^n}{2}}{2\Delta x_j} \tag{2.14}$$

$$\frac{\partial Q}{\partial t} \approx \frac{Q_j^{n+1} - Q_j^n}{\Delta t} \tag{2.15}$$

当流量沿程变化时，为保证式（2.13）中二次项符号的正确性，引入：

$$Q^2 \approx \theta Q_j^{n+1} Q_j^n - (\theta - 1) Q_j^n Q_j^n \tag{2.16}$$

式中：$0.5 \leqslant \theta \leqslant 1$。

整理后得到：

$$\alpha_j h_{j-1}^{n+1} + \beta_j Q_j^{n+1} + \gamma_j h_{j+1}^{n+1} = \delta_j \tag{2.17}$$

2. 分汊点处理

以三汊河道为例，如图 2.6 所示，以汊点周围的节点作为控制体，应用连续方程能够得到：

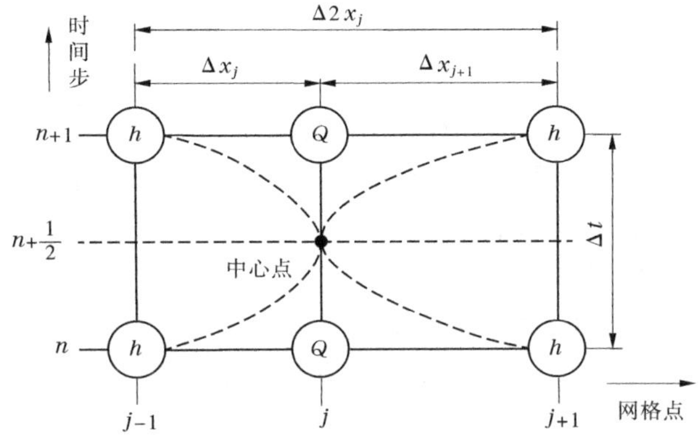

图 2.5　以 Q 点为中心的差分格式示意

$$\frac{H^{n+1}-H^{n}}{\Delta t}A_{f1}=\frac{1}{2}\left(Q^{n}_{A,n-1}+Q^{n}_{B,n-1}-Q^{n}_{C,2}\right)+\frac{1}{2}\left(Q^{n+1}_{A,n-1}+Q^{n+1}_{B,n-1}-Q^{n+1}_{C,2}\right)\quad(2.18)$$

将式(2.18)右边第二项中的流量 Q 以式(2.17)代替，得到：

$$\frac{H^{n+1}-H^{n}}{\Delta t}A_{f1}=\frac{1}{2}\left(Q^{n}_{A,n-1}+Q^{n}_{B,n-1}-Q^{n}_{C,2}\right)+\frac{1}{2}\left(c_{A,n-1}-a_{A,n-1}H^{n+1}_{A,us}-b_{A,n-1}H^{n+1}+c_{B,n-1}-a_{B,n-1}H^{n+1}_{B,us}-b_{B,n-1}H^{n+1}-c_{C,2}+a_{C,2}H^{n+1}_{B,us}+b_{C,2}H^{n+1}_{C,ds}\right)\quad(2.19)$$

若已知河网的边界条件，利用式(2.19)即可求解所有汊点的水位值，进而求解所有河段水位和流量，最终得到整个河网的水动力过程。

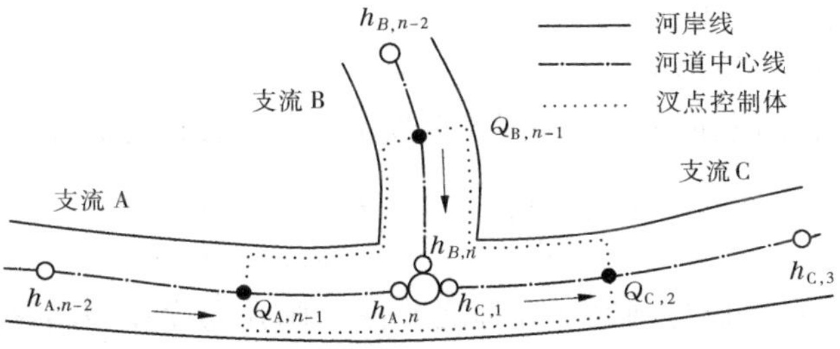

图 2.6　河网汊点示意图(以三汊点为例)

2.2.1.3　闸站过流计算

在河网一维水动力建模过程中，需要模拟平原地区水闸泵站等枢纽的调控作用。在水动力模型中，调控建筑物为计算间断点。根据枢纽上下游水位情况，通过经验公式计算过闸或指定泵站抽排流量。对于水闸，要判断闸门开启状况及过流状态，分为堰流和孔流两种，采用下列规则判别：

当 $\frac{e}{H}>0.65$ 时，为堰流；

当 $\frac{e}{H}\leq 0.65$ 时，为孔流。

其中：e 为闸门开度，m；H 为闸上游节点水位与闸底坎高程之差，m。

1. 堰流

采用以下公式分别计算淹没出流与自由出流时的水闸过流流量：

淹没出流时：
$$Q=\gamma B\sqrt{2g}H_s\sqrt{Z_a-Z_b} \tag{2.20}$$

自由出流时：
$$Q=mB\sqrt{2g}H^{\frac{3}{2}} \tag{2.21}$$

式中：γ 为淹没出流流量系数；H_s 为闸下游节点水位与闸底高程差，m；Z_a 为闸上游节点水位，m；Z_b 为闸下游节点水位，m；m 为自由出流流量系数；B 为闸门开启总宽度，m；H 为包括流速水头在内的堰前总水头，m。

将淹没出流与自由出流的公式统一为：
$$Q=\delta' H_s' B\sqrt{2g(Z_a-Z_b)} \tag{2.22}$$

当 $\delta\leqslant\sigma$ 时，$\delta'=\dfrac{m}{\sigma\sqrt{1-\delta}}$，$H_s'=\sigma H$；当 $\delta>\sigma$ 时，$\delta'=\gamma$，$H_s'=H$。$\delta=\dfrac{Z_a-Z_0}{Z_b-Z_0}$，$Z_0$ 为闸底高程，m；σ 为堰顶收缩系数。

若发生临界流，下游闸底坎上水深为 σH，临界流时用自由出流与淹没出流公式计算的流量应该相等，则有：
$$m=\gamma\sigma\sqrt{1-\sigma} \tag{2.23}$$

根据式(2.23)求得的 σ 可以用作判断流态的标准。

2. 孔流

当闸门出流为孔流时，也包括闸孔自由出流与淹没出流两种情况，可以下列条件进行判别：

当 $t<h''_c$ 时，闸孔自由出流；

当 $t\geqslant h''_c$ 时，闸孔淹没出流。

其中，t 为闸下游节点水深，m；h''_c 为临界水跃跃后水深，m，其近似计算公式为
$$h''_c=\frac{\varepsilon' e}{2}\left(\sqrt{1+\frac{16\mu_1^2H_0}{\varepsilon'^3e}}-1\right) \tag{2.24}$$

式中：H_0 为闸上游节点水位与闸底坎高程之差；e 为闸孔高度；ε' 为闸孔垂向收缩系数，可以通过 $\dfrac{e}{H}$ 值查相关手册确定；μ_1 为闸孔自由出流流量系数，可通过式(2.25)计算来予以确定：
$$\mu_1=\delta\varepsilon'\sqrt{1-\varepsilon'\frac{e}{H}} \tag{2.25}$$

式中：δ 为闸门流速系数，通常可依据闸坎形式查表得到。

闸孔自由出流时，流量计算公式如下：
$$Q=\mu_1 eB\sqrt{2gH_0} \tag{2.26}$$

式中：B 为闸门净宽，m；H_0 为包括行近流速水头的闸前水深，m。

闸孔淹没出流时，流量计算式如下：

$$Q = \mu_s B\sqrt{2g}H^{\frac{3}{2}} \tag{2.27}$$

式中：μ_s 为闸孔淹没出流流量系数，其计算公式如下：

$$当\frac{e}{H}>0.3时，\mu_s = 2.75\left(\frac{e}{H}\right)^{1.58}\left(1-\frac{t}{H}\right)^{0.83};$$

$$当\frac{e}{H}\leqslant 0.3时，\mu_s = 2.05\left(\frac{e}{H}\right)^{1.34}\left(1-\frac{t}{H}\right)^{0.83}。$$

可将式(2.26)与式(2.27)统一为

$$Q = \mu'' eB\sqrt{2gH} \tag{2.28}$$

其中，当闸孔为自由出流时，$\mu''=\mu_1$；当闸孔为淹没出流时，$\mu''=\dfrac{\mu_s H}{e}$。

2.2.2　平面二维模型

2.2.2.1　控制方程

平面二维模型的控制方程为沿水深积分平均的 N-S 方程，包括连续方程和动量方程。

连续方程：

$$\frac{\partial h}{\partial t} + \frac{\partial(hu)}{\partial x} + \frac{\partial(hv)}{\partial y} = 0 \tag{2.29}$$

动量方程：

$$\frac{\partial(hu)}{\partial t} + \frac{\partial\left(hu^2 + \frac{gh^2}{2}\right)}{\partial x} + \frac{\partial(huv)}{\partial y} = gh(S_{0x} - S_{fx}) + S_{wx} \tag{2.30}$$

$$\frac{\partial(hv)}{\partial t} + \frac{\partial(huv)}{\partial x} + \frac{\partial\left(hv^2 + \frac{gh^2}{2}\right)}{\partial y} = gh(S_{0y} - S_{fy}) + S_{wy} \tag{2.31}$$

其中：$S_{0x}=-\dfrac{dZ}{dx}$；$S_{fx}=\dfrac{\rho u\sqrt{u^2+v^2}}{hc^2}=\dfrac{\rho n^2 u\sqrt{u^2+v^2}}{h^{\frac{4}{3}}}$；$S_{wx}=\rho_a C_D|W_a|\cdot W_a\cdot\cos\alpha$；

$S_{0y}=-\dfrac{dZ}{dy}$；$S_{fy}=\dfrac{\rho v\sqrt{u^2+v^2}}{hc^2}=\dfrac{\rho n^2 v\sqrt{u^2+v^2}}{h^{\frac{4}{3}}}$；$S_{wy}=\rho_a C_D|W_a|\cdot W_a\cdot\sin\alpha$。

式中：ρ_a 为空气密度，kg/m^3；C_D 为风拖曳系数；W_a 为水面以上 10 m 处的风速，m/s；h 为水深，m；u 和 v 分别为 x 向和 y 向垂线平均流速分量，m/s；g 为重力加速度，m/s；S_{0x} 和 S_{fx} 分别为 x 向的水底底坡和摩阻坡度；S_{0y} 和 S_{fy} 分别是 y 向的水底底坡和摩阻坡度；S_{wx} 和 S_{wy} 分别为 x 和 y 向的风应力。

式(2.29)～式(2.31)也可以写为如下通用格式：

$$\frac{\partial\phi}{\partial t} + \frac{\partial f(\phi)}{\partial x} + \frac{\partial g(\phi)}{\partial y} = b(\phi) \tag{2.32}$$

式中：$\phi=[h,hu,hv]^{\mathrm{T}}$ 为守恒物理量；$f(\phi)=\left[hu,hu^2+\frac{gh^2}{2},huv\right]^{\mathrm{T}}$ 为 x 向通量；$g(\phi)=\left[hv,huv,hv^2+\frac{gh^2}{2}\right]^{\mathrm{T}}$ 为 y 向通量；源（或汇）项 $b(\phi)$ 为 $b(\phi)=[b_1,b_2,b_3]^{\mathrm{T}}$，其中 $b_1=0$，$b_2=gh(S_{0x}-S_{fx})+S_{wx}$，$b_3=gh(S_{0y}-S_{fy})+S_{wx}$。

2.2.2.2 有限体积法

式（2.32）可写成通用微分方程的积分形式：

$$\frac{\partial}{\partial t}\int_A \phi \mathrm{d}A+\int_\Gamma \phi \boldsymbol{u}\cdot \boldsymbol{n}\mathrm{d}L=\int_\Gamma D_\phi \mathrm{grad}\phi\cdot \boldsymbol{n}\mathrm{d}L+\int_A S_\phi \mathrm{d}A \tag{2.33}$$

式中：ϕ 为通用变量，如水深等；D_ϕ 为扩散系数；S_ϕ 为源项；$\boldsymbol{n}$ 为单元边界的外法向单位向量；$\boldsymbol{u}$ 为流速矢量；$\mathrm{grad}\phi$ 为变量 ϕ 的梯度；$\mathrm{d}L$ 为线积分微元；$\mathrm{d}A$ 为面积分微元；S_ϕ 为源项；Γ 为网格单元边界；A 为单元网格面域。

式（2.33）又可写成：

$$\frac{\partial}{\partial t}\int_A \phi \mathrm{d}A+\int_\Gamma (\phi \boldsymbol{u}-D_\phi \mathrm{grad}\phi)\cdot \boldsymbol{n}\mathrm{d}L=\int_A S_\phi \mathrm{d}A \tag{2.34}$$

式（2.34）的离散思路为：对方程在任意控制体 A（其边界为 Γ）作面积分，利用高斯定理将面积分化成线积分。记 $\boldsymbol{F}(\phi)=\phi\boldsymbol{u}-D_\phi\mathrm{grad}\phi$，可得到有限体积法的基本方程：

$$\frac{\partial}{\partial t}\int_A \phi \mathrm{d}A=-\int_\Gamma \boldsymbol{F}(\phi)\boldsymbol{n}\mathrm{d}L+\int_A S_\phi \mathrm{d}A \tag{2.35}$$

式中：$\boldsymbol{F}(\phi)\cdot\boldsymbol{n}$ 为法向数值通量。

对控制体单元取平均后，可离散得到 FVM 基本方程的最终形式为

$$\frac{\Delta\phi}{\Delta t}=-\frac{1}{\Delta A}\sum_{j=1}^{m}\boldsymbol{F}_j^n(\phi)L_j+\overline{S}_\phi \tag{2.36}$$

式中：ΔA 为单元面积；m 为单元面总数；L_j 为单元边 j 的长度；$\overline{S}_\phi$ 为单元的源项平均值，单元边 j 的法向通量为 $F_j=\boldsymbol{F}_j(\phi)\cdot\boldsymbol{n}$，包括对流通量和扩散通量。

式（2.29）~式（2.31）包含 3 个变量 h、hu、hv，变量之间互相耦合。利用时间分裂的方法，将方程的离散划分为两步。在 $[t,t+0.5\Delta t]$ 时间步内，根据式（2.36）所述的方法求解式（2.29）~式（2.31）中的 h、hu，在此时间步内，h 和 hu 为隐式变量、hv 为显式变量。在 $[t+0.5\Delta t,t+\Delta t]$ 时间步内，求解 h、hv，在此时间步内，h 和 hv 为隐式变量，hu 为显式变量。

2.2.3 一二维模型的耦合

一二维模型耦合常用的方法有重叠计算区域法、边界迭代法、基于堰流公式的水量守恒法以及基于数值通量的水量和动量守恒法。其中，重叠计算区域法和边界迭代法主要用于上下游联解的一二维模型耦合。耦合界面处需满足水位相等、进出流量相等的连接条件。基于堰流公式的水量守恒法和基于数值通量的水量及动量守恒法主要用于侧向型联解的一维-二维模型耦合。对于侧向连接溃堤计算，由于溃口处可能存在大流速梯度和急流，此时合理描述模型间的水力传递关系尤为重要。基于堰流公式的水量守恒法具

有原理简单、计算稳定等优点，在防洪保护区溃堤洪水演进模拟中得到了广泛应用。然而，该方法具有无法表达模型间动量交换、堰流公式中流量系数选取存在不确定性等缺点。同时，由于堰流公式中常将溃口概化为矩形、梯形等规则多边形，针对不存在溃口的漫堤洪水，以及形状较为复杂的溃口，该方法的适应性较差。

河道水体向陆面溢流的模型一般采用耦合边界的水力连接条件来实现模型联解。对于规模较大的堤防，溃口处洪水的流态与宽顶堰流较为接近，溃口流量可采用宽顶堰流公式计算，见式(2.37)：

$$Q=\begin{cases} C_{\mathrm{d}}L(z_1-z_{\mathrm{w}})^{1.5} & \dfrac{2}{3}(z_1-z_{\mathrm{w}})\geqslant(z_2-z_{\mathrm{w}}) \\ \dfrac{3^{1.5}}{2}C_{\mathrm{d}}L(z_2-z_{\mathrm{w}})(z_1-z_2)^{1.5} & \dfrac{2}{3}(z_1-z_{\mathrm{w}})<(z_2-z_{\mathrm{w}}) \end{cases} \tag{2.37}$$

式中：Q 为耦合界面的流量绝对值，$\mathrm{m^3/s}$；$z_1=\max(z_{1\mathrm{d}},z_{2\mathrm{d}})$，m，$z_2=\min(z_{1\mathrm{d}},z_{2\mathrm{d}})$，m，$z_{1\mathrm{d}}$ 和 $z_{2\mathrm{d}}$ 分别为一维、二维模型在耦合边界处的水位，m；z_{w} 为耦合边界处的底高程，m；C_{d} 为流量系数；L 为矩形溃口的宽度，m。

陈文龙等提出的一二维耦合模型将相邻两个断面的河道边界作为一个耦合边界。在二维模型中，各耦合边界被定义为独立的水位边界，其边界节点的水位值由相邻两个断面的水位按照反距离插值得到。插值得到的边界节点的流速默认与耦合边界平行。通过在耦合边界处构造 Riemann 问题计算数值通量，即将插值得到的边界水位与流速、耦合边界处二维网格单元的状态分别作为 Riemann 问题的左侧、右侧初始值，进而利用 HLLC 算子进行求解。通过 Riemann 问题求解考虑一维与二维模型之间的质量与动量传递。

第 3 章　平原河网水动力模型概化问题讨论

平原河网地区河道数量众多,以苏州阳澄淀泖地区河网为例,其河网密度高达 3.2 km/km^2。平原河网地区还存在大量的小型湖荡,这些湖荡有的穿过主干河道,有的通过小支流与主干河道相连,形成了复杂的河湖连通关系。在构建平原河网水动力模型时,需要对河网、湖荡进行一定概化才能使建模具有可操作性。杨松斌等与吴挺峰等分别研究了河网概化密度对水动力模拟结果的影响,但未对概化河网的特征进行定量分析。平原河网水动力模型概化还包括穿河湖荡概化、弯曲河道概化、河道汊点等方面内容,概化方式对水动力模型结果的影响有待深入分析。

3.1　穿河湖荡概化

平原河网地区存在大量小型湖荡,其中一部分小型湖荡穿过主干河道。如图 3.1 所示,望虞河上有 3 个穿河湖荡。在主干河道行洪时,这些小型湖荡起到了类似蓄滞洪区的作用。对于平原河网水动力模型,若忽略这些小型湖荡,将使研究区域调蓄能力小于实际情况。利用数值模型对穿河湖荡的不同概化方法进行比较研究,所得结果可为平原河网水动力模型概化提供依据。

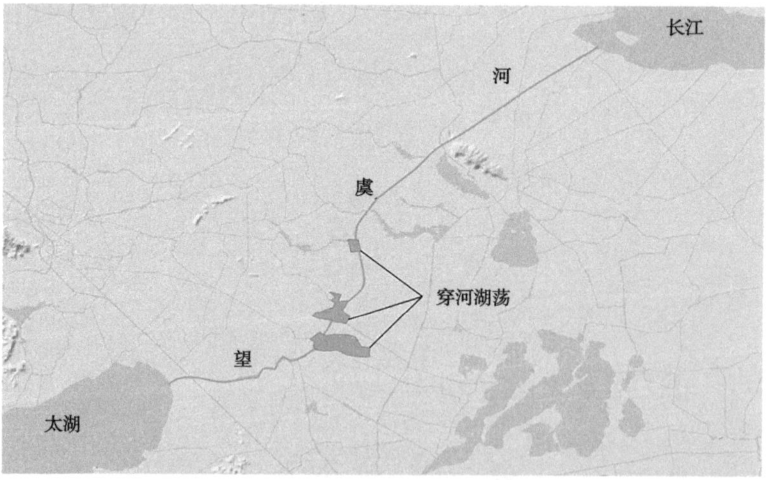

图 3.1　望虞河上的穿河湖荡

平原河网水动力模型由于河道数量多、计算时间序列长,一般整体采用一维模型进行模拟。

常用的湖泊处理方式有:

(1)在湖泊所在计算节点添加调蓄水面;

(2)把湖泊概化为河道,拓宽计算断面;

(3)一二维耦合模型。

其中添加调蓄节点的方式操作简单,为目前最常用方法之一。该方法仅在计算断面上概念性地增加调蓄面积,对水动力模型改动较小,且计算时间与无湖荡的河道一维模型相当。拓宽湖泊所在位置计算断面宽度的方式能够真实反映河道地形的沿程变化,但需要对所有湖泊范围内的计算断面逐一进行修改。一二维耦合模型计算精度在理论上优于前两种概化方式,但计算时间较长。

3.1.1　模型的建立

以望虞河为原型构建数值试验概化河道如图 3.2 所示。该试验河道总长 64 km,湖荡上游河段长 20 km。穿河湖荡为正方形,边长 4 km,总面积 16 km^2;下游河段长 40 km。河道断面为规则矩形断面,河底高程为 0,左右岸堤防高程均为 6 m。沿河道方向设定比降为 0。

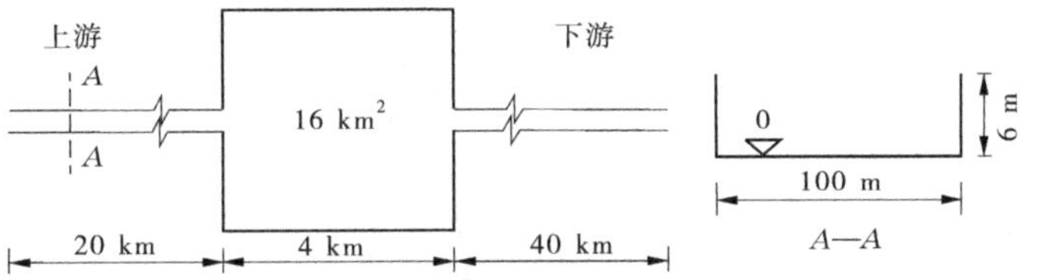

图 3.2　穿河湖荡概化模拟试验河道

利用 MIKE11 软件中一维模型添加调蓄断面、一维模型扩大河道断面以及一二维耦合模型,分别建立上述河道的数值模型,分别采用有限差分法和有限体积法建立平面二维模型作为对照。穿河湖荡概化数值试验计算工况如表 3.1 所示。

表 3.1　穿河湖荡概化数值试验计算工况

方法	编号	说明
一维模型	1D-5STR	河道计算断面间隔为 1 000 m,在里程为 20+000~24+000 的 5 个计算节点上增加调蓄面积,每个计算节点的调蓄面积为 3.2 km^2
	1D-1STR	河道计算断面间隔为 1 000 m,仅在里程为 22+000 处增加节点调蓄面积,该节点调蓄面积为 16 km^2
	1D-CSEXP	里程为 20+000~24+000 的计算节点断面宽度设置为湖泊宽度,为避免河道断面尺度剧烈变化引起计算不稳定,将湖泊上下游 5 km 范围内空间步长设定为 500 m
	1D-NOSTR	不考虑穿河湖荡的作用,整个计算河道断面为如图 3.2 所示的形状,计算河道长 64 km
一二维耦合	1D2D	河道采用一维模型,湖泊区域采用二维模型,一二维连接处采用隐式连接,同步迭代计算

续表 3.1

方法	编号	说明
二维模型	2D-FDM	全区域采用基于结构化网格的平面二维模型，利用有限差分法对方程进行处理
	2D-FVM	全区域采用基于非结构化网格的平面二维模型，利用有限体积法对方程进行处理

上游边界条件采用非恒定流量过程，如图 3.3 所示，洪峰流量约 500 m^3/s。下游边界条件由于无实测过程参考，采用恒定水位边界为 4 m。整个模型范围采用均一糙率 0.023。

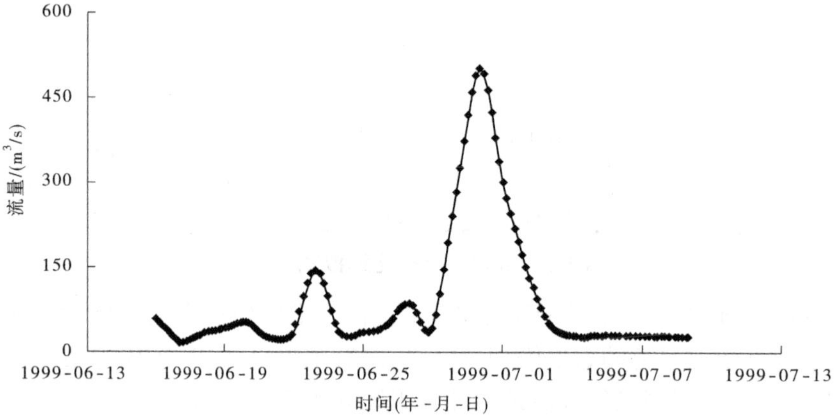

图 3.3　上游边界入流流量过程

3.1.2　计算结果与分析

平原地区水动力模拟主要关注沿程水面线、洪峰流量与到达时间。本书主要对比了不同计算工况下湖荡所在位置上游和下游断面处的水面线、水位过程线以及洪峰流量值。

3.1.2.1　水面线

图 3.4 给出了当湖荡下游断面处流量达到最大（以平面二维模型为准，即 6 月 30 日 18:00）不同计算工况的河道水面线。由图 3.4 可见，当不考虑穿河湖荡的作用时，河道水面线整体偏高。局部扩大湖荡处计算断面的概化方式，在湖荡下游河段计算水面线情况与二维模型接近，但在湖荡上游河段，计算偏差较大。在断面扩大处出现了水位陡降，上游区域水面线呈不规则波动，表明此概化方式在上游存在不收敛现象，且本书建立的模型通过调整时间步长未取得明显改善。在计算节点增加蓄水面积的模型、一二维耦合模型以及二维模型，三者计算结果接近。调蓄面积概化的模型在湖泊位置附近，水位偏差略大于一二维模型，偏差值向上游和下游逐渐递减。

为进一步比较增加调蓄面积与一二维耦合模型的精度，给出了河道 18+000～26+000 里程处的水位局部放大图，如图 3.5 所示。由图 3.5 可见，一二维耦合模型与二维模型在

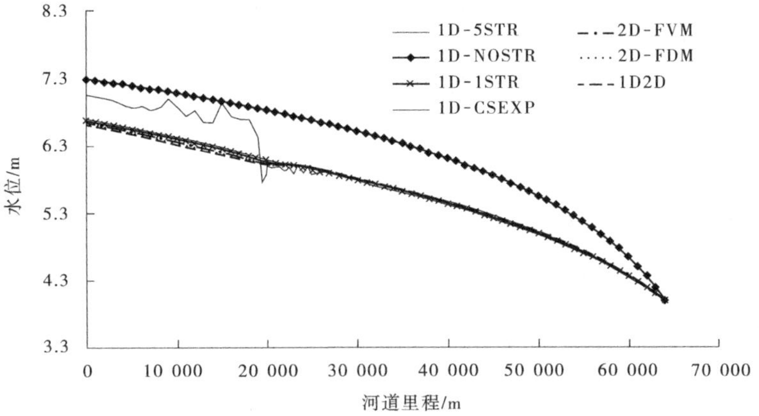

图 3.4　湖荡下游断面流量最大时水面线对比

湖荡区域水面比降很小,而采用调蓄节点概化的一维模型在湖荡位置水面比降与河道基本一致。与采用 5 个调蓄节点概化的一维模型相比,仅概化 1 个调蓄节点的一维模型在湖荡上游河段计算水位与二维模型更接近,且在湖泊中心位置(20+000 里程处)水位计算值与二维模型的相等。湖荡下游河段,采用 5 个调蓄节点概化的一维模型结果更接近于二维模型的。两种调蓄节点概化模型最大水位计算误差均在相关规范要求的范围内。表明利用调蓄节点概化穿河湖荡能够有效模拟穿河湖荡对水面线的影响,且调蓄节点的概化数量对湖荡周围水位变化情况影响较小。一二维耦合模型的精度明显优于一维模型的,基本与二维模型的相当。因此,当湖荡附近水位计算精度要求较高时,需采用一二维耦合模型。

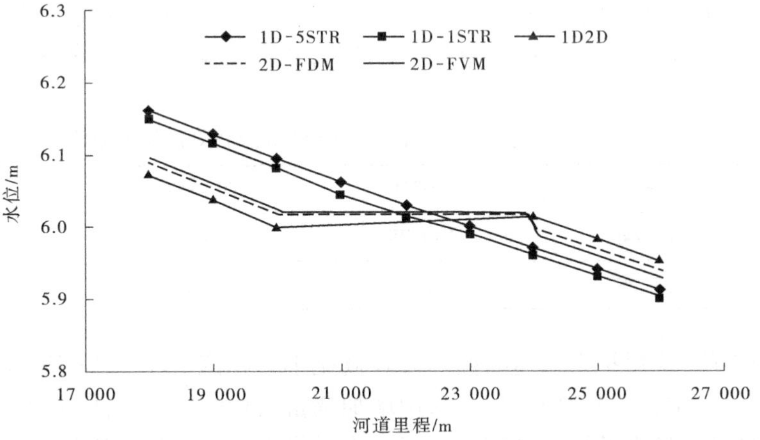

图 3.5　不同概化方式下 18+000~26+000 里程处水面线

3.1.2.2　水位过程线

图 3.6 给出了模拟河道 19+500 m 里程处与 24+500 m 里程处水位过程线。在湖荡上游断面处,调蓄节点概化的一维模型计算水位高于平面二维模型和一二维耦合模型,下游断面情况则正好相反。计算水位最大差值在湖荡上游,约为 0.17 m;在湖荡下游约为 0.12 m,最大误差出现在流量最大的时刻。各种概化方式水位峰值出现时间差异不大。

结果表明,调蓄节点概化的一维模型基本具备模拟平原河网地区穿河湖荡的能力。在流量较小时,模拟精度较高,随着流量的增加,误差逐渐增加。因此,在对平原河网进行模型概化时,应根据模拟河道的流量量级选取合理的概化方式,尽量将概化方式引起的误差控制在相关规范要求的范围内。

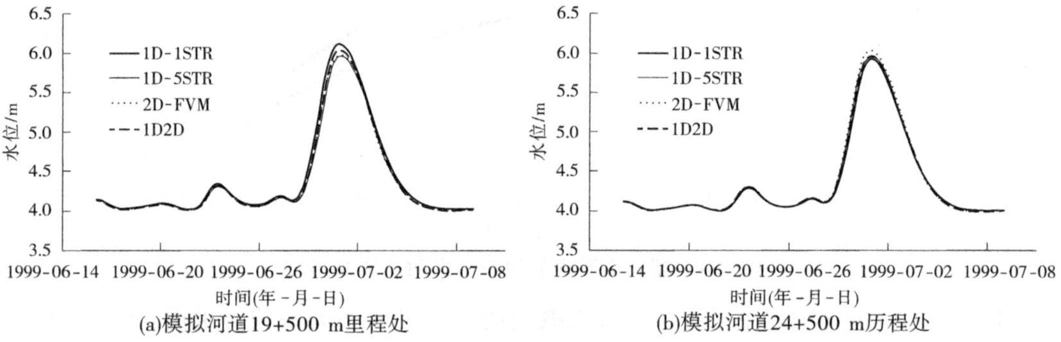

图 3.6　模拟河道 19+500 m 里程处与 24+500 m 里程处水位过程线

3.1.2.3　洪峰流量值

表 3.2 给出了模拟河道 19+500 m 与 24+500 m 里程处洪峰流量值。由表 3.2 可见,通过穿河湖荡的调蓄,洪峰流量显著降低。对于不同的概化方式,在湖荡上游 19+500 里程处断面洪峰流量差异不大。湖荡下游 24+500 里程处断面洪峰流量则存在一定差异,平面二维模型计算流量峰值为 321.29 m^3/s,一维概化模型峰值流量低于平面二维模型,且 5 个调蓄节点的一维模型与平面二维模型更接近,一二维耦合模型结果略大于平面二维模型的。总体上,在湖荡下游 24+500 里程断面处,各种计算方式模拟流量相差不大(最大差值为 6.86 m^3/s,约占峰值流量的 2%)。表明调蓄节点一维模型以及一二维耦合模型均能较好地概化穿河湖荡对河道流量演进过程的影响,可有效模拟湖荡的蓄滞洪能力。

表 3.2　模拟河道 19+500 m 与 24+500 m 里程处洪峰流量值　　单位:m^3/s

工况	2D-FVM	1D2D	1D-1STR	1D-5STR
19+500	480.04	480.78	481.36	480.47
24+500	321.29	323.57	316.71	318.78

以上数值表明:采用扩大河道断面的方式概化小型湖荡不仅使建模过程烦琐,且容易造成模型计算不稳定,应当避免采用。采用增加调蓄面积的概化方法,基本不增加计算量和建模难度,且具有较高的模拟精度。对于较大的湖荡,如果覆盖多个计算节点,通过将调蓄面积平均分配到这些计算节点的方式难以显著提高模拟精度。随着流量增加,调蓄节点概化模型的精度逐渐降低,而一二维耦合模型能维持较高精度。根据本书结果可以推断,对于距离较近的串联穿河湖荡,采用调蓄节点进行概化会使湖荡间的连接河段模拟精度较差,因此要根据精度要求采用一二维耦合模型或二维模型进行模拟。

3.2　弯曲河道概化

我国平原地区河道经过大量人工改造,多数为顺直的渠化型河道。少数未经人工改造的河道还保持着天然河道的蜿蜒形态。一般认为,弯曲河道由于水体在河道中经过偏转,会出现弯道二次流、螺旋流等现象。尤其在流速较大时期,这种现象更为明显,水面呈现"凹岸壅高,凸岸降低"的现象。针对这一问题,刘曾美、蒋艳与史莹等开展了相关研究,分别提出利用等效糙率系数法和等效阻力系数法对弯道产生的附加阻力进行概化,将概化阻力引入水动力模型,改善了模拟精度。

本书结合前人研究成果,根据平原地区弯道的特点设计了数值试验。构建一维弯曲河道数学模型,采用刘曾美等提出的弯曲河道等效糙率系数概化弯道阻力,探讨弯道对平原地区河道行洪的影响。考虑平原河道流速较小,一般为缓流明渠,横向环流产生的阻力很小,常规的平面二维模型可取得足够的精度。采用曲线正交网格下的平面二维模型对比研究弯道阻力系数修正对一维水动力模型的影响。

3.2.1　模型的建立

3.2.1.1　河道概况

定义转弯角度为河道上游顺直段和下游顺直段的夹角,设计了转弯角度分别为 0°、60°、120°以及 180°的 4 条河道,如图 3.7 所示。4 条河道中 R_1 为顺直河道,其余 3 条有不同角度的转弯,所有弯曲段入弯点和出弯点的直线距离均为 4 km。试验河道分为 3 段,弯道前称为上游段,长度均为 10 km,河底为平底;中间为弯道段,弯道后称为下游段,长度也为 10 km。为使下游出口处水流能够调整为均匀流,设置距离出口 5 km 河道坡降为 1‰,下游出口处河道底高程为 0。

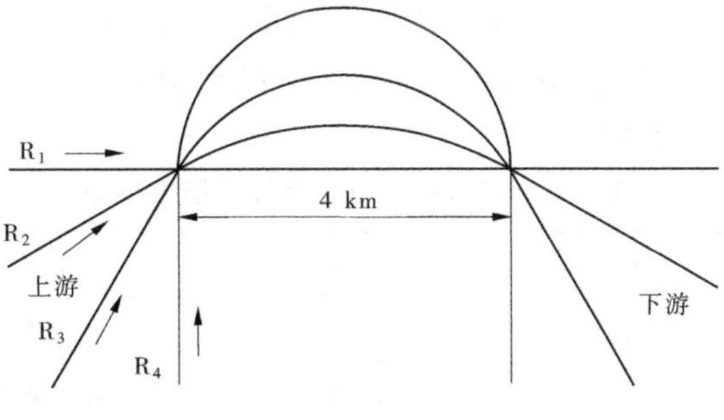

图 3.7　弯曲河道数值试验概化河道示意

试验河道的基本参数如表 3.3 所示。引入曲折系数表示河道的弯折程度,定义如式(3.1)所示:

$$S = \frac{L}{D} \tag{3.1}$$

式中:S 为曲折系数;L 为弯曲段的实际长度,m;D 为弯道起点到终点的直线距离,m。

表 3.3 试验河道基本参数

河道名称	弯道段长度/m	河道宽度/m	曲折系数	河底高程/m	下游段底坡/‰
R_1	无	100	1	5	1
R_2	4 241.15	100	1.060 3	5	1
R_3	4 941.52	100	1.235 4	5	1
R_4	6 440.26	100	1.610 1	5	1

3.2.1.2 计算工况

对前文所述的河道分别建立一维和二维水动力模型，上游边界条件设置为流量，下游边界条件设置为水位，具体参数如表 3.4 所示。利用所建立的数值模型分别模拟不同流量级下弯曲河道的水动力过程。上游边界条件流量从 200 m^3/s 起，以每次 200 m^3/s 的量级增加至 1 000 m^3/s，下游出口边界为相应流量级所对应的正常水位。一维模型基于圣维南方程组建立，采用 Abbott 六点隐格式离散、追赶法求解。二维模型采用浅水方程基于正交曲线网格的 ADI 方法求解。对于弯曲河段，采用刘曾美等提出的弯道等效糙率 n_e 进行概化，如式(3.2)所示：

$$n_e = n\sqrt{\left(2 + \frac{3}{4}\sqrt{\frac{b}{r_0}}\right)} \tag{3.2}$$

式中：n 为河道的初始糙率值；b 为河道宽度，m；r_0 为河道轴线的弯曲半径，m。

表 3.4 数值模型边界条件

上游流量/(m^3/s)	200	400	600	800	1 000
下游水位/m	1.33	2.03	2.60	3.10	3.55

根据式(3.2)可求得不同转弯角度下弯曲段等效糙率系数，如表 3.5 所示。利用不同的边界条件和转弯角度组合，分别构建一维（无糙率修正）、一维（有糙率修正）以及平面二维模型数值模型，共计 57 组计算工况。

表 3.5 弯曲段环流阻力等效糙率系数

转弯角度/(°)	0	60	120	180
顺直段糙率 n	0.025 0	0.025 0	0.025 0	0.025 0
弯曲段糙率 n_e	—	0.036 4	0.036 7	0.036 8

3.2.2 计算结果与分析

采用上游边界、入弯点以及出弯点作为典型断面，对比了一维模型修正糙率与不修正糙率工况及二维模型水位计算值。

采用顺直河道计算结果对一维模型和二维模型的计算误差进行分析。表 3.6 给出了不同流量下顺直河道（见图 3.7 中 R_1）水位计算结果。为与弯曲河段计算结果进行对比，给出了入弯点(10+000)和出弯点(14+000)处的水位值。两种模型在河道上游边界处计算水位值偏差最小。水位计算值最大偏差出现在流量为 1 000 m^3/s 的工况中,为 3 cm,位于入弯点处。对比不同流量级下水位计算结果可以发现,随着流量的增加,两种模型水位偏差逐渐增大。

表 3.6　顺直河道一维模型与二维模型水位计算值　单位:m

$Q/(m^3/s)$	二维			一维		
	上游水位	入弯点	出弯点	上游水位	入弯点	出弯点
200	8.450	7.927	7.569	8.447	7.917	7.565
400	9.771	9.060	8.576	9.765	9.044	8.568
600	10.772	9.922	9.348	10.763	9.901	9.335
800	11.610	10.647	10.000	11.599	10.621	9.981
1 000	12.345	11.284	10.574	12.332	11.254	10.552

图 3.8 为弯道转角为 60°时上游边界点、入弯点以及出弯点处的水位随流量的变化结果。由图 3.8 可见,采用等价糙率系数的一维模型(1D-addN)所得计算结果在上游边界和入弯点处的计算水位明显高于二维模型计算结果。未采用糙率系数修正的一维模型与二维模型计算结果基本相等。表明在平原地区当流速较小时,弯道对洪水过程的影响主要是由流程增加引起的,由横向环流产生的附加阻力效应不明显。下游出弯点处各模型计算结果相差很小,表明弯曲河道对行洪的主要影响发生在弯道以及上游河段。

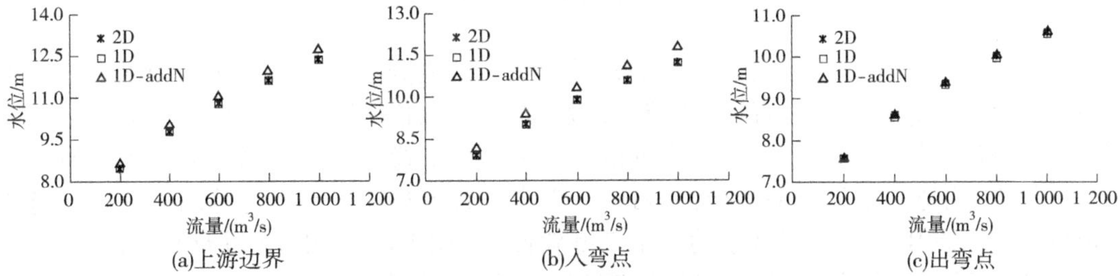

图 3.8　60°弯道观测断面水位值随流量变化关系

图 3.9、图 3.10 分别为转弯角度为 120°和 180°时观测点的水位计算值。其变化规律与 60°工况结果基本一致,且不进行糙率修正的一维模型与二维模型结果更接近。随着转弯角度的增加,糙率较大的弯道段长度也在增加,导致修正糙率的一维模型在上游边界与入弯点处误差逐渐增加。从图 3.9、图 3.10 可以看出,随着流量的增加,修正糙率的一维模型在上游边界与入弯点处水位误差逐渐增大。表明在缓流条件下,按照刘曾美等提出的方法修正弯道糙率会整体降低河道上游段的过流能力。

平原地区河道总体流速较小,即使在洪水期,大多数河道也保持缓流状态。弯曲河段引起的环流阻水效应对整体河网水动力模型的影响较小,采用常规的一维水动力模型可满足精度要求。本书数值试验结果表明,该糙率修正系数在平原地区缓流河道中不宜采用。平原地区河道采用该方法概化弯道会使弯道及其上游段水位明显偏高,而弯道出口

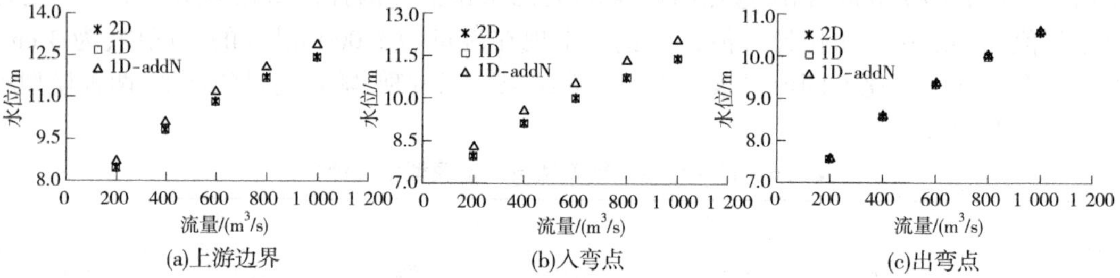

图 3.9　120°弯道观测断面水位值随流量变化关系

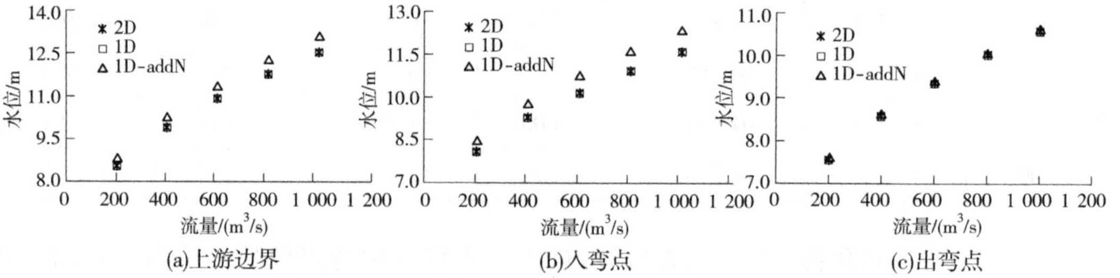

图 3.10　180°弯道观测断面水位值随流量变化关系

处水位与二维模型接近。表明弯道处的局部糙率修正使误差向上游传播，不对糙率进行修正的水动力模型计算结果精度较高。因此，在平原河网地区，根据河道实际河势和长度建立一维水动力模型，可满足精度要求。

3.3　河道分汇流处理

河道分汊与汇流是平原河网地区的常见现象。河道分汇使流量按比例分配。分流比例与上游来流流量、下游支流的过流特性以及支流与干流夹角等因素有关。研究结果表明，在流速较大的河道中，水流分汇点处能量损失对数值模型计算结果影响较大。但是对于流速较小、河道联系复杂的平原河网地区，汊点方程能量守恒性对计算结果的影响尚缺少定量研究。常用的一维河网水动力学模型软件如 MIKE11、HOHY2 以及 Sobek 等，其在汊点处的控制方程都基于质量守恒原理建立，未考虑汊点处的能量损失。本书采用 HEC-RAS 软件，分别建立了考虑与不考虑汊点处能量损失的一维河网水动力模型，研究汊点能量守恒对复杂河网水动力模拟的影响。考虑环状河网为平原河网地区更常见的水系形态，设计了如图 3.11 所示的环状河网数值模型，以期为复杂平原河网地区数值模型的建立提供参考。

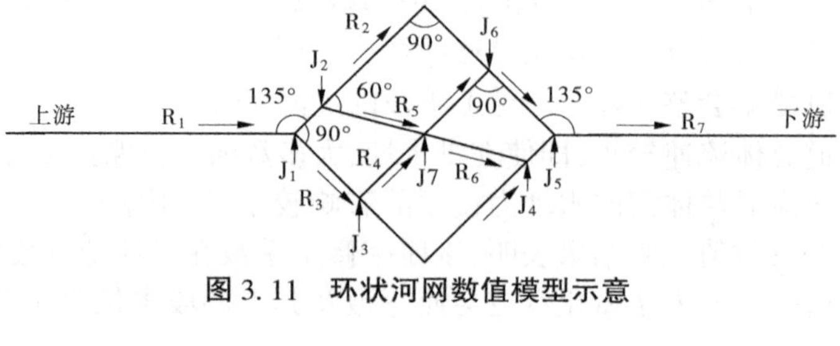

图 3.11　环状河网数值模型示意

3.3.1　模型的建立

为分析汊点处能量守恒对河网水动力模拟的影响,建立了如图 3.11 所示的环状河网模型。该模型的概化源自平原地区常见的圩区水系形态。图 3.11 中河道 R_1 为上游,R_7 为下游,J_1 ~ J_7 为汊点。按照汊点距离边界节点的最小分汇流次数,将 J_1 和 J_5 定义为一级汊点,J_2、J_3、J_4、J_6 定义为二级汊点,J_7 定义为三级汊点。河道 R_1、R_2、R_3 以及 R_7 长度为 5 km,其余河道长度可根据图中标出的角度得到。R_1 和 R_7 宽度为 60 m,R_2 和 R_3 宽度为 30 m,R_4 宽度为 20 m,R_5 和 R_6 宽度为 10 m,所有河道断面均为矩形,堤顶高程为 6 m。本次试验采用如图 3.12 所示的洪水过程作为上游边界条件,下游边界条件采用恒定水位 3.5 m。

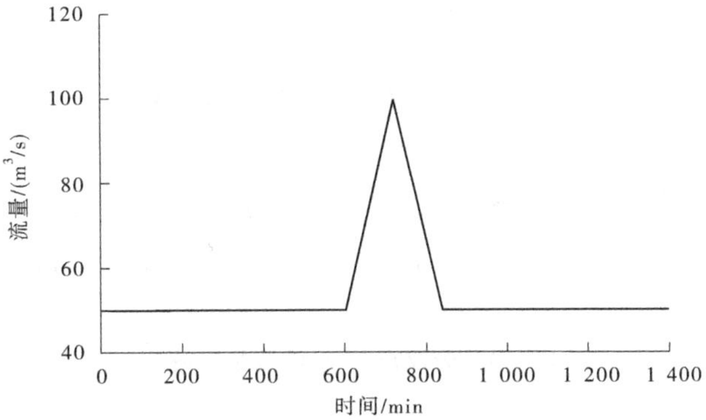

图 3.12　河道 R_1 流量边界条件

3.3.2　计算结果与分析

分别建立考虑汊点能量守恒与质量守恒的河网水动力模型。为分析汊点能量守恒对计算结果的影响,采用各个汊点处的水位与流量过程计算结果进行对比。分流汊点采用分汊前节点的结果,汇流汊点采用汇流后节点的结果。

图 3.13~图 3.20 给出了各分汊节点与汇流节点的水位与流量过程线,图中水位与流量差值为能量守恒模型减去质量守恒模型的计算结果。总体上,各点水位计算值与流量计算值相差不大,最大水位差值为 1.3 cm,最大流量差值约为 1.8 m^3/s。通过比较分汊点与汇流点的数据,发现两种模型在汇流点(J_4 和 J_5)的计算结果更加接近,水位差值基本在 1.5 mm 以下,流量差值在 0.6 m^3/s 以下。从水位差值可以看出,随着流量的增加,两种模型差值逐渐增大,洪峰时刻的水位差达到最大。流量差值在 J_1 和 J_5 节点存在正负变化的特点,涨水过程流量差为负值,落水过程流量差为正值。其余节点流量差随流量的增加而增加。J_{7-1} 为汊点 J_7 在 R_4 河道上的上游计算节点,J_{7-2} 为 J_7 在 R_5 河道上的上游计算节点。按照前文所述的汊点分级,J_{7-1} 与 J_{7-2} 为三级汊点。结果表明,汊点级数越高,两种模型所得流量结果偏差加大,可见,低级汊点计算结果偏差会累积到高级汊点。两种模型水位差结果表明,河网分汇流没有出现自下游向上游的误差累积。

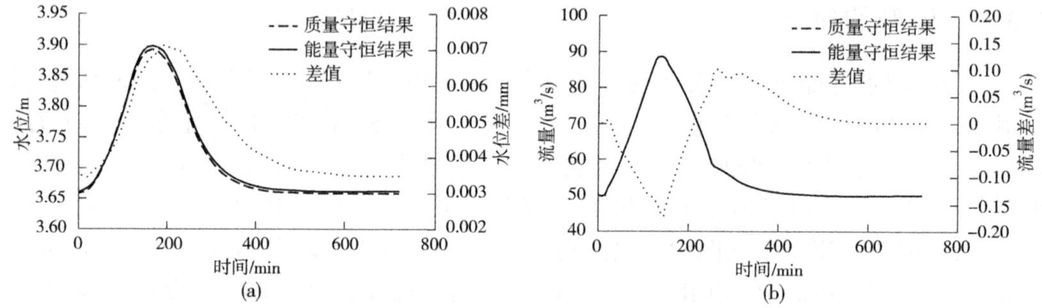

图 3.13　分汊点 J_1 水位流量过程线

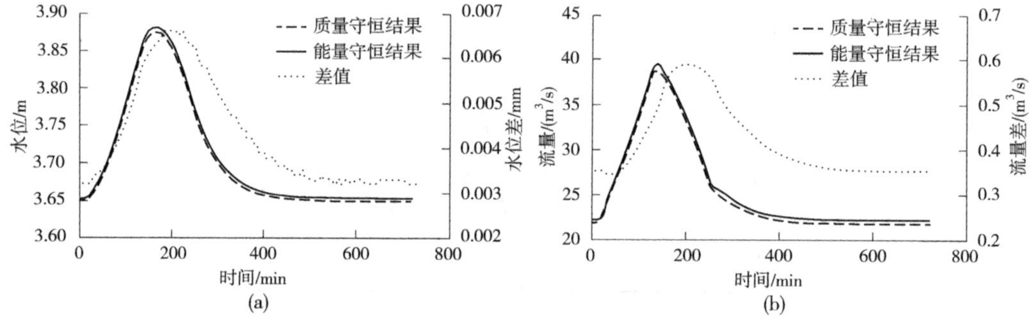

图 3.14　分汊点 J_2 水位流量过程线

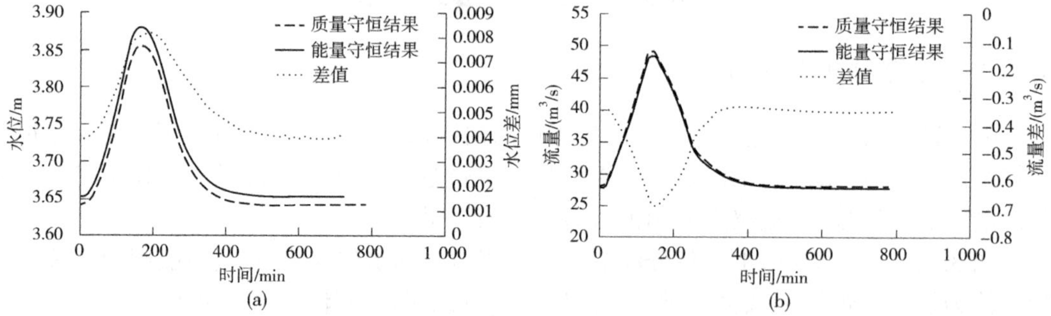

图 3.15　分汊点 J_3 水位流量过程线

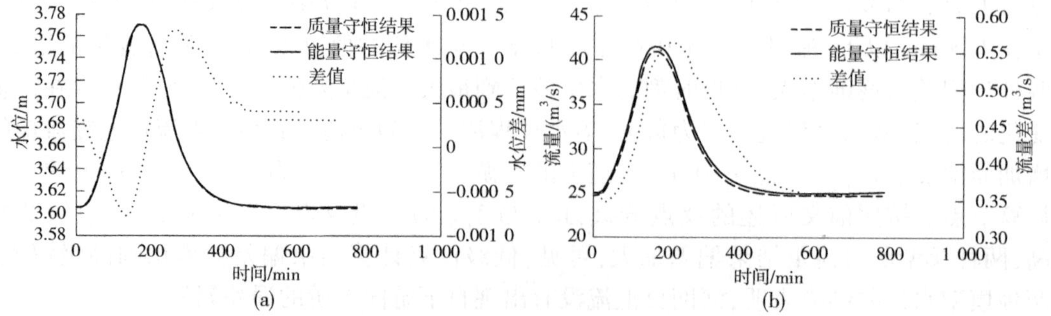

图 3.16　汇流点 J_4 水位流量过程线

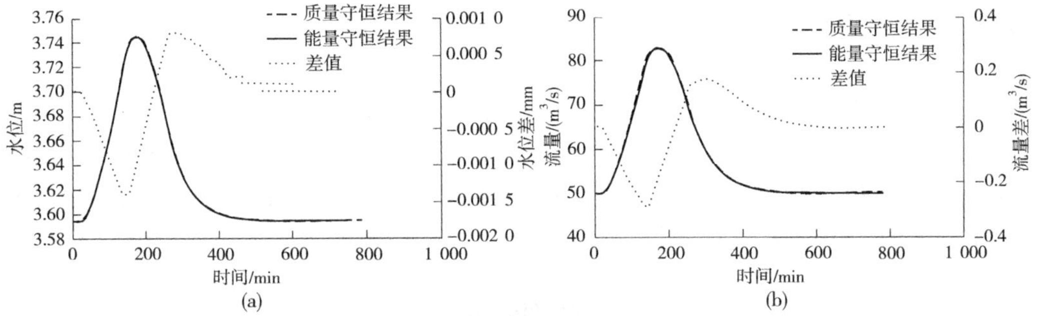

图 3.17　汇流点 J_5 水位流量过程线

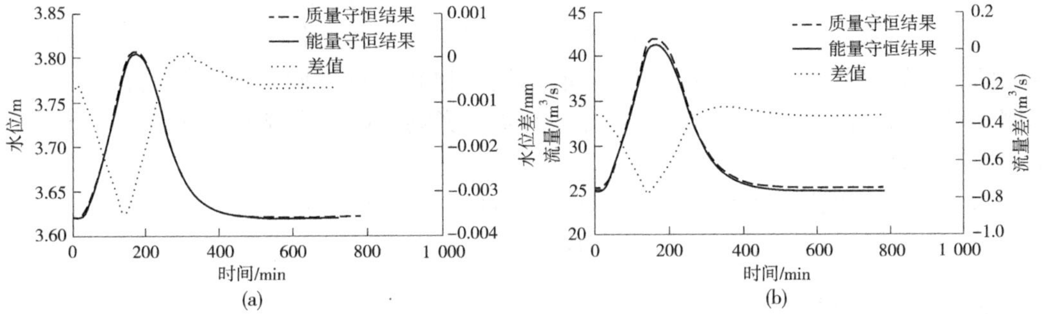

图 3.18　汇流点 J_6 水位流量过程线

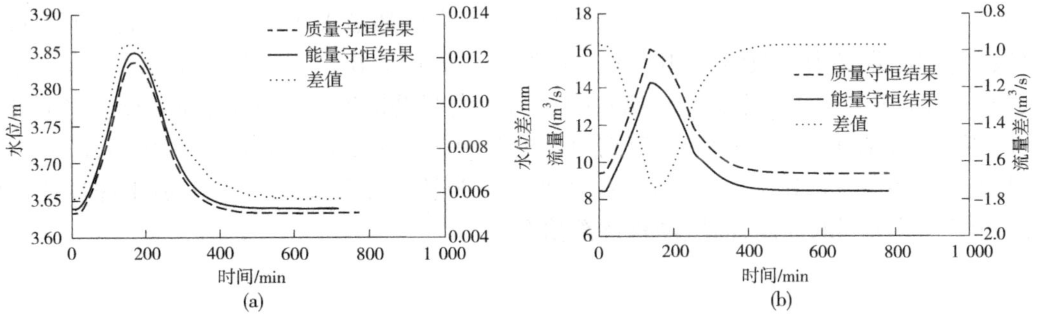

图 3.19　分汊点 J_{7-1} 水位流量过程线

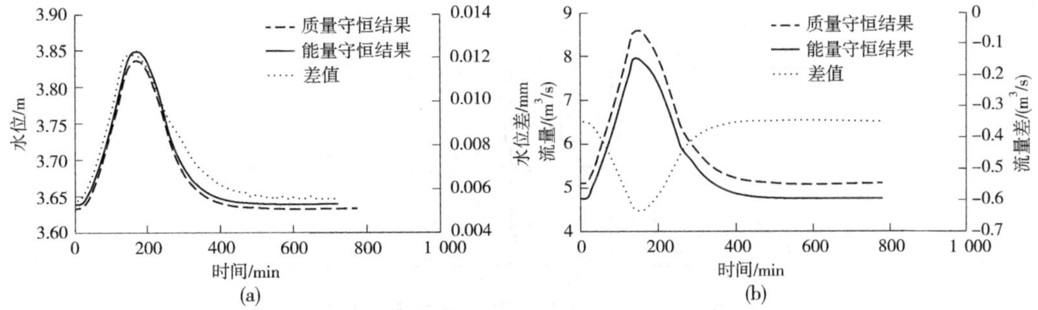

图 3.20　分汊点 J_{7-2} 水位流量过程线

总结以上结果,能量守恒模型在汊点处考虑能量损失的作用类似于在分流和汇流节点处增加了“阻力”作用。改阻力作用使汊点上游水位壅高、下游水位降低。阻力效用也使河网在分汇流过程中过流能力减弱,汊点流量普遍小于仅考虑质量守恒的模型的流量。由于流速的增加会引起汊点处的能量损失增加,随着流量的增加,两种模型计算结果的差值逐渐增大。总体上,两种模型的计算结果接近,在平原河网地区,缓流条件下都能满足要求。当河网汊点总数或高级别汊点较多、河道流速较大时,两种模型偏差会增大,采用能量守恒模型,理论上可提高模拟精度。

3.4 分级河网概化

在平原河网地区建立数值模型一般需要对复杂的河网结构进行概化。不同的河网概化方式可能对水动力模型产生不同的影响。常用的概化方式中存在大量不确定因素和人为判断,容易出现计算河道断面大小不同、河网的概化密度不同等问题。现有研究表明,河网连通度与河网密度对河网的调蓄能力有重要影响。这意味着不同概化方式会影响水动力模型计算结果。

本书对河网概化程度与调蓄能力对水动力模型的影响开展数值试验研究,对比了不同概化方式下的河网与原河网的水动力特性的差异。

3.4.1 模型的建立

为研究河网概化程度以及调蓄能力近似对概化河网水动力过程的影响,建立了如图3.21所示河网的数值模型。图3.21中河道正方向如箭头所示。根据河宽对河道进行分级,$R_1 \sim R_5$ 定义为一级河道,$R_6 \sim R_{13}$ 定义为二级河道,$R_{14} \sim R_{17}$ 定义为三级河道,R_{18} 定义为四级河道,$R_{19} \sim R_{21}$ 定义为五级河道。为使模型更接近平原地区实际情况,将河宽较小的河道设置在河宽较大的河道范围内。模型中各河道的断面形状为梯形断面,各河道堤顶高程均为6 m,其余参数如图3.22所示。为符合平原地区小型河道水深较浅的特点,随着河道级别的提高,河底高程逐渐抬升。

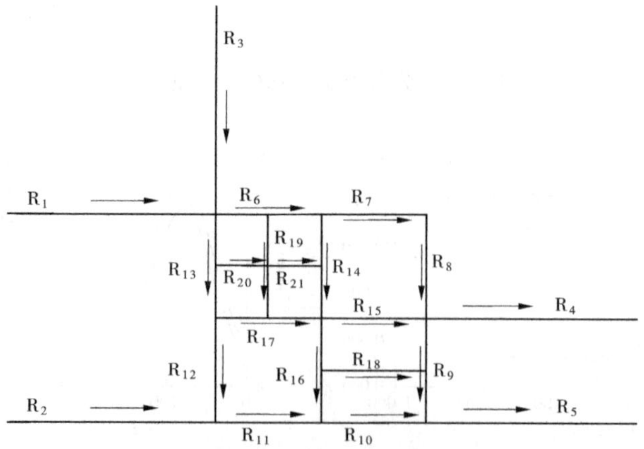

图3.21 河网概化程度数值试验原型河网

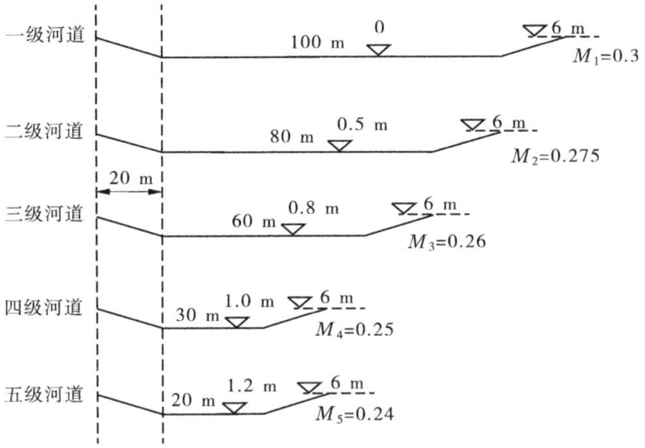

图 3.22　各级河道断面形状参数示意(M 为边坡系数)

分别计算了概化河道为五级、四级以下和三级以下时的叠加宽度与高程,结果见表 3.7。五级河道概化即将河道 $R_{19}\sim R_{21}$ 的调蓄面积分配到它们周边的 4 条河道上。四级以下河道的概化,在保留了五级河道概化结果的基础上,将 R_{18} 河道的调蓄体积分配到其周边的 R_9、R_{10}、R_{15} 以及 R_{16} 河道中。三级以下河道概化是指将三、四、五级河道的总调蓄体积分配到 $R_6\sim R_{13}$ 河道中。对于被概化的梯形断面河道,采用一半最大水深 $H/2$ 时对应的水面宽度计算其调蓄面积,如图 3.23 与图 3.24 所示。利用各概化河道的调蓄面积对其河底高程进行加权平均,所得结果即为其周围模拟河道的断面叠加高程。将所有被概化河道的总调蓄面积按照模拟河道一半最大水深时的水面面积进行加权平均,得到每个模拟河道的叠加调蓄面积。用该面积除以对应模拟河道的长度,即为该模拟河道的叠加宽度。由于河网概化过程中考虑被概化河道的平均底高程与调蓄面积,因此概化后的河网与原河网具有相似的调蓄能力。

表 3.7　不同概化等级下河道叠加宽度与高程

概化等级	叠加河道与方位	叠加宽度/m	叠加高程/m
五级	R_6(左)、R_{13}(左)、R_{14}(右)、R_{17}(右)	22.22(R_6、R_{13})、17.78(R_{14}、R_{17})	1.200
四级	R_9(右)、R_{10}(左)、R_{15}(右)、R_{16}(左)	13.89(R_9、R_{10})、11.11(R_{15}、R_{16})	1.000
三级	$R_6\sim R_9$(右)、$R_{10}\sim R_{13}$(左)	36.25(所有二级河道)	0.893

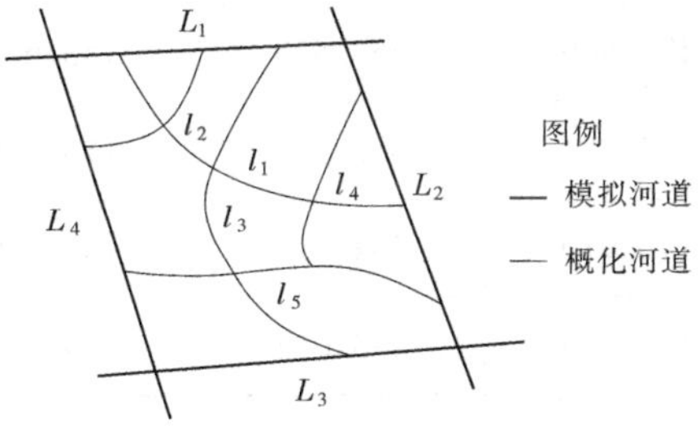

图 3.23　河网概化示意

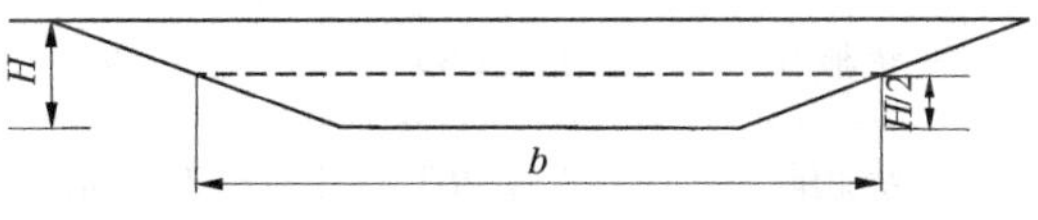

图 3.24　梯形概化河道断面示意

为进一步分析调蓄能力对河网水动力模拟的影响，将概化模型与直接删除概化河道的模型进行对比。河道 $R_1 \sim R_3$ 边界条件为如图 3.25 所示的非恒定流量过程，基本流量为 60 m^3/s，在 72 h 出现洪峰流量为 180 m^3/s，洪水过程时长为 1 d。下游边界为恒定水位值，R_4、R_5 出口处水位分别为 3.5 m 和 4 m。

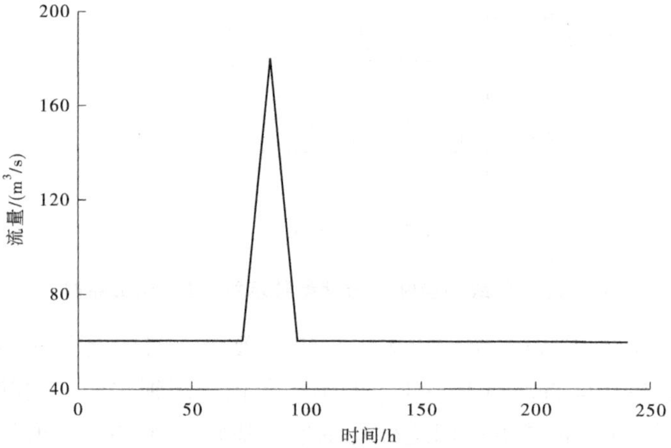

图 3.25　上游流量边界过程

3.4.2　计算结果与分析

为避免概化河道汊点分汇流的影响，选取 $R_1 \sim R_5$ 以及中间无汊点的二级河道（R_7、R_8、R_{10}、R_{11}、R_{12}）中间断面处洪峰流量与最高水位为指标，对不同工况计算结果进行比较。

表 3.8 与表 3.9 分别为一级河道与二级河道观测点在不同概化方式下的洪峰流量值。

表 3.8　一级河道观测点洪峰流量　　单位：m^3/s

河道名称	R_1	R_2	R_3	R_4	R_5
原型河网	175.927	176.273	175.927	356.561	154.760
五级概化	176.007	176.286	176.007	356.695	155.004
五级删除	175.762	176.163	175.762	356.736	155.441
四级概化	175.969	176.236	175.969	357.530	153.649
四级删除	175.584	175.946	175.584	356.972	153.556
三级概化	176.039	176.244	176.039	354.184	157.230
三级删除	174.267	174.598	174.255	345.634	159.516

表 3.9　二级河道观测点洪峰流量　单位：m^3/s

河道名称	R_7	R_8	R_{10}	R_{11}	R_{12}
原型河网	147.941	147.768	173.844	174.900	14.134
五级概化	147.662	147.463	173.886	172.354	15.128
五级删除	148.476	148.272	175.048	185.565	15.171
四级概化	150.227	150.080	208.121	169.193	11.362
四级删除	160.354	160.288	205.457	181.558	11.828
三级概化	242.473	242.191	268.547	268.812	98.407
三级删除	239.216	239.083	265.686	265.824	97.526

由表 3.8 与表 3.9 中数据可以看出：

(1)不同概化方式下，一级河道的计算结果均优于二级河道的，表明靠近计算边界位置的河道在边界条件的约束下可获得较高精度，受区域内部水动力过程的影响较小。

(2)对比不同概化等级下的计算结果，发现概化河道越少，概化模型与原型结果越接近。

(3)对比概化模型与直接删除概化河道模型的计算结果，发现删除概化河道模型的流量计算结果偏差大于经过概化的模型。当概化河道级别较高时，两种模型均存在较大误差。表明河网经过概化后，很难反映原有的水系连通关系与过流流量。

(4)随着河道概化程度的增加，河道流量偏差急剧增加，当需要获得较高精度的流量结果时，要尽可能减少对河网的概化。

表 3.10 与表 3.11 分别为一级河道与二级河道观测点在不同概化方式下的最高水位计算值。

表 3.10　一级河道观测点最高水位　单位：m

河道名称	R_1	R_2	R_3	R_4	R_5
原型河网	4.387	4.339	4.395	3.793	4.039
五级概化	4.375	4.336	4.383	3.793	4.039
五级删除	4.409	4.353	4.417	3.793	4.039
四级概化	4.382	4.345	4.391	3.794	4.038
四级删除	4.434	4.382	4.442	3.794	4.038
三级概化	4.372	4.347	4.381	3.851	4.040
三级删除	4.620	4.573	4.627	3.777	4.041

表 3.11　二级河道观测点最高水位　　单位:m

河道名称	R_7	R_8	R_{10}	R_{11}	R_{12}
原型河网	4.205	4.125	4.156	4.263	4.303
五级概化	4.205	4.124	4.156	4.261	4.301
五级删除	4.206	4.125	4.157	4.273	4.318
四级概化	4.211	4.128	4.164	4.272	4.310
四级删除	4.285	4.348	4.380	4.253	4.243
三级概化	4.220	4.127	4.161	4.271	4.320
三级删除	4.371	4.180	4.248	4.468	4.559

由表 3.10 与表 3.11 中数据可见:

(1)整体上,概化模型明显优于删除概化河道的模型,概化程度低的模型明显优于概化程度高的模型。

(2)对于删除概化河道的模型,无论是一级河道还是二级河道,除靠近下游水位边界的 R_4、R_5 外,其余水位结果均出现了较大偏差,个别观测点偏差达 25cm 左右,这与平原河网地区的计算精度要求相差甚远。

(3)采用调蓄能力近似的概化方法,水位计算结果有明显改善。在三级以上河道概化的工况下,一级河道与二级河道观测点的水位误差可由 6~25 cm 以上减小至 2 cm 左右。因此,保证概化河网与原河网有近似的调蓄能力,有助于提高河网水动力模型水位结果的精度。

通过开展河网概化程度对水动力模拟的影响研究,发现河网概化使水系连通性改变,严重影响流量模拟精度。当需要获得较高精度的流量模拟结果时,应尽量减少对河网的概化。水位计算结果虽然同样受到河网概化程度的影响,但可以通过调蓄能力近似的河网概化方法提高模拟精度。验证了在河网水动力数值模拟中,保持概化模型与原河网的调蓄能力近似具有重要意义。

3.5　小　结

针对平原河网水动力模型建模过程穿河湖荡概化方式、弯曲河段阻力、汊点能量守恒以及河网概化程度对水动力计算结果的影响,开展了系列数值试验研究,得到如下结论:

(1)采用增加调蓄面积的方式概化穿河湖荡可基本满足水动力模型的计算精度。局部扩大计算断面的方法不仅增加建立模型的工作量,且易造成计算发散。采用多个计算节点平均调蓄面积的方法对模拟精度的改善较为有限。当需要模拟串联穿河湖荡时,建议采用一二维耦合模型。

(2)在转弯半径较大、流速较缓的平原地区,由于弯道二次流所引起的附加阻力较小,按照河道的实际走势和长度建立模型,可满足精度要求。

(3)在缓流状态下,能量守恒模型与质量守恒模型的结果偏差较小,二者都有足够的模拟精度,随着流量的增加,二者偏差逐渐增大。

(4)河网的概化程度和调蓄能力对水动力模型计算结果有重要影响。河网概化会改变河道的连通关系,使过流流量很难与原河网一致,概化河网与原河网具有近似的调蓄能力,可显著提高水位的模拟精度。

第 4 章　基于 GIS 软件的平原河网概化和子流域划分

地理信息系统(GIS, Geographic Information System)是在计算机硬件、软件系统支持下,对整个或部分地球表层(包括大气层)空间中的有关地理分布数据进行采集、储存、管理、运算、分析、显示和描述的技术系统。常用的地理信息系统有中国地质大学开发的 MapGIS 和美国 Esri 公司开发的 ArcGIS 平台。复杂平原河网河道数量众多,与之关联的下垫面、产汇流单元情况复杂,基于 GIS 平台强大的空间数据分析和运算能力,有助于解决复杂平原河网水文和水动力模型的数据处理问题。

本书基于 ArcGIS 平台,提出了针对复杂平原河网建立水文和水动力耦合模型时的数据处理方法,在河网概化和子流域划分方面提高了建模效率,子流域划分结合了我国平原河网地区的下垫面和汇水单元特征,有助于提高模型的精细程度。

4.1　河网概化方法

平原河网地区建立水动力模型一般很难获得所有河道的详细断面资料,需根据河道规划断面等数据对模型进行概化。河网概化的目标为使概化河网与原河网具有近似的水动力特性。

研究认为,复杂平原河网的概化需遵循以下原则:

(1)河道总长保持不变,总流量模数保持一致。

(2)流域性河道、区域性河道等骨干河道不进行合并,次要输水河道可适当合并,其他基本不起输水作用的小河道、小湖泊和小池塘等,考虑其调蓄作用,作为陆域面上的调蓄水面进行处理。

(3)空间步长应该综合考虑河道沿程断面变化情况、河道弯曲程度、水工建筑物以及其他影响水力特性的因素,进行适当加密。

依据以上原则,目前常用的概化方法为陆域宽度法。该方法虽然考虑了研究区域的调蓄能力,但在河道数量概化方面需要大量的人工选择和判断。此外,该方法仅根据区域平均水面率对陆面调蓄面积进行估算,不利于充分利用河网地理信息资料。

河网调蓄能力是平原地区洪水规划与管理工作中的重要参数,能体现研究区域的洪水特性,进而影响整个河网的水动力特性。本书研究结果也表明,概化河网与原河网调蓄能力近似,可有效提高水位模拟精度。

考虑 GIS 平台可以对河网空间数据进行灵活的管理和计算,提出了在 ArcGIS 系统中的河网概化方法,基本思路如图 4.1 所示。

平原河网地区河道多为宽浅型河道,断面形状为梯形或矩形,比降较小。由于本项研究获得的断面资料有限,为方便建模,在统计河道 GIS 数据时,对于左右岸有坡度资料的

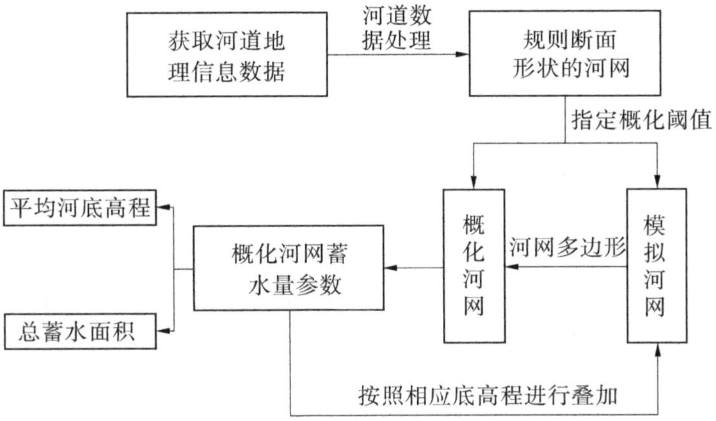

图 4.1　调蓄能力近似的河网概化方法基本思路

河道,记录为梯形断面河道;若仅有一侧的岸坡资料,认为是左右岸对称布置的梯形河道;无左右岸坡度资料的河道概化为矩形断面河道。

假定所有河道比降为 0,宽度沿程不变。通过以上处理,得到了断面形状规则的平原河网,完成了河网概化的数据准备工作。

本书利用 ArcGIS 软件的空间数据处理和运算功能,构建了复杂平原河网概化的方法。具体流程与实现方法如图 4.2 所示。

(1)平原河网地区获取的河道地理信息数据可能存在分汊点不连接的情况,即在空间数据上,分汊点位置与河道端点不重合。若不进行处理,将无法构成河网多边形。利用"拓扑检查"工具对河网 GIS 数据进行处理,实现了所有河道在汊点处相互连接。

(2)为避免河网概化需要进行过多的人为判断,提出根据河道宽度和河道等级进行自动筛选的方法。指定河道宽度与等级阈值,当 GIS 数据中的河道底宽大于阈值或河道等级高于阈值时,即认为该河道是用于建立河网水动力模型的河道,称为"主要河道"。经过这一步判断后,未被选中的河道为需要被概化的河道,称为"次要河道"。

(3)由主要河道构成的河网中可能存在断头河道的情况,这些断头河道在构建水动力模型时缺少边界条件,因此也需要进行概化。在"主要河道"中除去断头河道后,其余河道称为"模拟河道"。

(4)"模拟河道"构成了互相交错的网状水系结构,将研究区域分割为网格状。所有水动力模型的边界条件都位于研究区域边界处。

(5)将"次要河道"与步骤(3)中得到的断头河道进行"融合"操作,形成的河道组合称为"概化河道"。

(6)将所有"模拟河道"在汊点处打断,利用"Euclidean Allocation"工具对计算区域进行分割,具体步骤如 4.3 节"子流域划分"具体实施方式(3)~(6)所述。

(7)分配完成后,将研究区域分割为与"模拟河段"一一关联的多边形区域。利用 4.2 节所述的方法计算每个多边形区域内"概化河段"的平均河底高程和调蓄面积。将计算结果平均分配到"模拟河段"断面的左岸和右岸。将得到的左右岸叠加宽度和叠加底高程添加到“模拟河道”的属性数据库中。

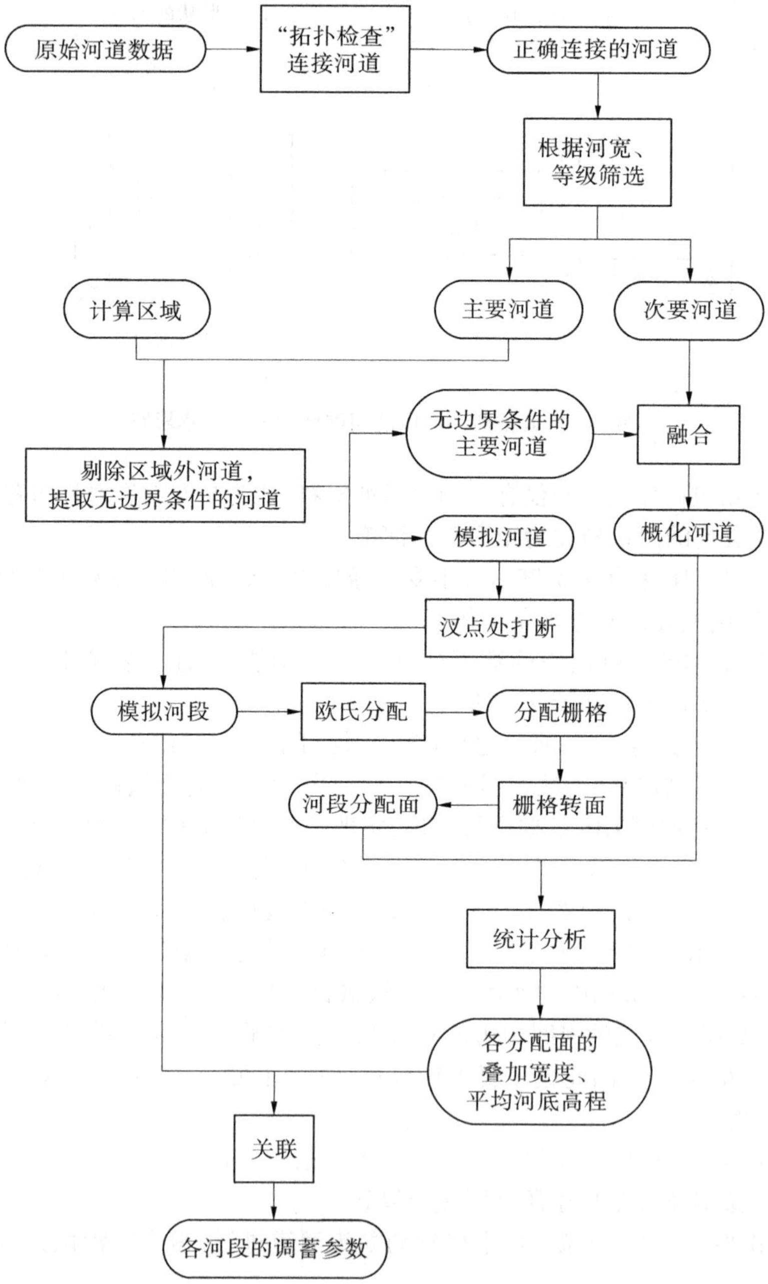

图4.2　根据河道宽度和等级概化河网的操作流程

4.2　河网等效调蓄能力计算

按照 4.1 节所述步骤进行概化河网分配后形成如图 4.3 所示的河网概化单元。概化河网由 L_1、L_2、L_3、L_4 4 条河段组成,其总调蓄水面积为

$$A_{add} = \sum_{i=1}^{n} b_i L_i \tag{4.1}$$

式中:A_{add} 为概化河道的总调蓄水面积,m^2;b_i 为概化河段 i 的宽度,m;L_i 为概化河段 i 的长度,m。

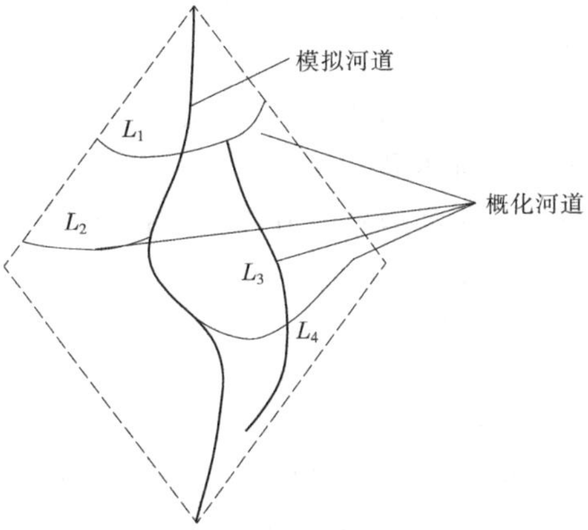

图 4.3　河网概化单元示意

对于矩形河道,概化河段宽度为实际河宽;对于梯形河道,概化河段的宽度采用如图 3.24 所示中的宽度 b,即水深为河道总水深一半时的水面宽度。

概化河网的平均底高程为

$$\bar{z} = \frac{\sum L_i b_i z_i}{\sum L_i b_i} \tag{4.2}$$

式中:$\bar{z}$ 为概化河网的平均河底高程,m;z_i 为概化河道 i 的河底高程,m。

模拟河道的叠加宽度为

$$B_{add} = \frac{A_{add}}{2L_m} \tag{4.3}$$

式中:B_{add} 为模拟河道左岸和右岸的叠加宽度,m;L_m 为模拟河道的长度,m。

将图 4.3 中模拟河段初始河道断面整合为一复式断面,该复式断面河道构成的概化河网与原河网具有近似的调蓄能力。主要偏差由概化河道断面的矩形近似和水位不均匀分布所引起。考虑平原地区河道比降本身较小,本书对无资料河道进行平底近似概化处理,对水动力模型计算结果影响也较小。

通过上述过程的河网概化,得到的概化河网与原河网具有近似的调蓄能力。该方法

需要的人工选择为指定概化河道的底宽和等级阈值,因此能够避免人为因素对模型概化结果的过多干扰,有利于提高建模效率。采用该方法可使概化河网与原河网调蓄能力近似,有助于提高模拟精度。

4.3　子流域划分

一维河网水动力模型与水文模型耦联求解复杂平原河网地区水文水动力过程得到越来越多的应用,如 MIKE11-NAM 耦合模型、太湖流域 HOHY2 模型等。然而如何对平原河网地区进行快速合理的子流域划分,尚无较好的解决办法。一些学者利用 SWAT 模型在平原河网地区子流域划分方面进行尝试,但需要将原本"环树"结合的河网处理为单一的树状河网,与实际不符。传统的根据雨量站划分泰森多边形的方法虽然能够将研究区域快速分块,但由于平原河网地区河道众多,且纵横交错,泰森多边形将区域分块后,会使一条河道出现多个断点,不利于一维水动力模型建模。

综上,在复杂平原河网地区子流域划分方面,应当尽量遵循以下 4 个原则:

(1)保持原状河网的基本形态。

(2)集水域产流,便于就近汇流。

(3)减少河道分段。

(4)充分利用各个雨量站资料。

平原河网地区不存在明确的产汇流边界,子流域划分以往常采用泰森多边形法,根据雨量站对流域进行泰森多边形分割。根据多边形内水文站点的降雨和蒸发资料进行该子流域的产汇流计算。将各子流域总产流量按照河流长度加权以旁侧入流的形式分配给每个河段。由于子流域划分时不考虑河网分布,泰森多边形法可能将河道在非汊点处进行分割,使一条河道分属多个不同的子流域。在构建水动力模型时不仅会大幅增加工作量,而且如果汇入这些短小河段的流量差异较大,容易造成模型计算不稳定。此外,平原河网地区,城市开始逐步采用"大包围"作为防洪治涝的手段,泰森多边形法按照雨量站分布划分子流域的方式很难与行政区划、"大包围"边界等相结合,不利于分析特定行政区域的洪涝过程。

利用 ArcGIS 软件,改进传统的子流域划分方法,按不同的下垫面形式,同时结合行政区划等特定的研究区划分需求,对计算区域进行子流域划分。具体实施方式如下:

(1)确定研究区域。

(2)根据下垫面类型分割研究区域为城市、乡村以及水面(这里的水面指的是湖泊,乡村区域包含圩区和非圩区)。

(3)用 ArcGIS 中的"Polygon To Raster"工具将城市和乡村面要素离散为栅格,栅格大小取 10~30 m 为宜,栅格尺寸过大可能导致子流域分割过粗,边界处呈锯齿状;栅格过小则会使计算速度变慢。

(4)用"Feature To Line"工具将河网在分汊点处进行打断:在一维水动力模型建模时需要将河道分段,在分汊点处设置河道连接,在 ArcGIS 中将河网打断便于统计河段长度,且能够使每个河段均能分配到一个集水域。

(5)用“Euclidean Allocation”工具将各栅格分配至与之距离最近的河道。

(6)用“Raster To Polygon”工具将分配后的栅格根据所属的河道名称转为面要素,这些面即可用作水文计算的集水域。

(7)由于湖泊及城市区域的存在,属于同一河段的乡村集水域可能出现不连续现象,使用“Dissolve”工具可将分配于同一条河道的不连续乡村集水域合并。

(8)用“Feature To Line”工具将河网在城市与乡村集水域边界处进行打断,实现了城市、乡村集水域与河段的一一对应。

(9)删除长度低于集水域边界容差的小河段。

(10)用“Feature To Point”工具求出各集水域与湖泊的形心。

(11)如果计算区域内雨量站资料较少,可以选用“Near”工具求出与各形心距离最近的雨量站,将关联于同一雨量站的集水域构成一个子流域。

(12)当计算区域内有较多降雨和蒸发测站时,按照行政区划边界将所分配好的集水域进行整合。整合后,同一个行政区域的集水域即为一个子流域。其面雨量采用包括在该子流域内部的雨量站数据进行加权平均。本书中苏州地区平原河网降雨和蒸发资料较多,可采用这种处理方法。

复杂平原河网子流域划分基本流程如图4.4所示。

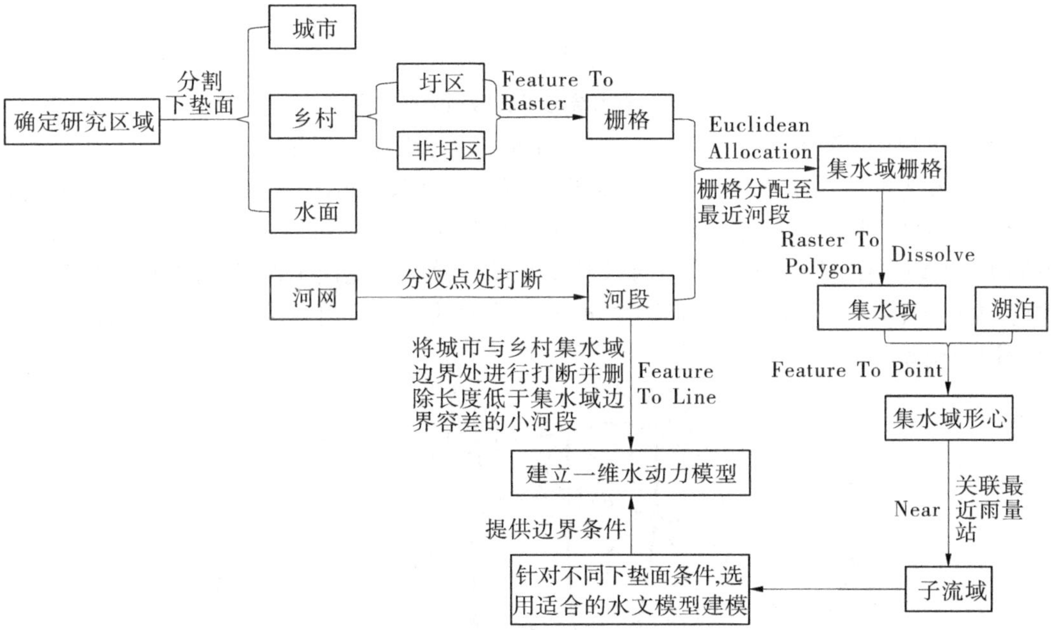

图4.4　复杂平原河网子流域划分基本流程

图4.5为采用该方法进行子流域划分的结果示例。从图4.5(b)中可以看出,研究区域按城市和乡村区域分布进行了集水域划分,得到的集水域与河道(河段)一一对应。将划分好的集水域按照下垫面类型和雨量站分布进行整合,形成了如图4.5(c)所示的子流

域分布。

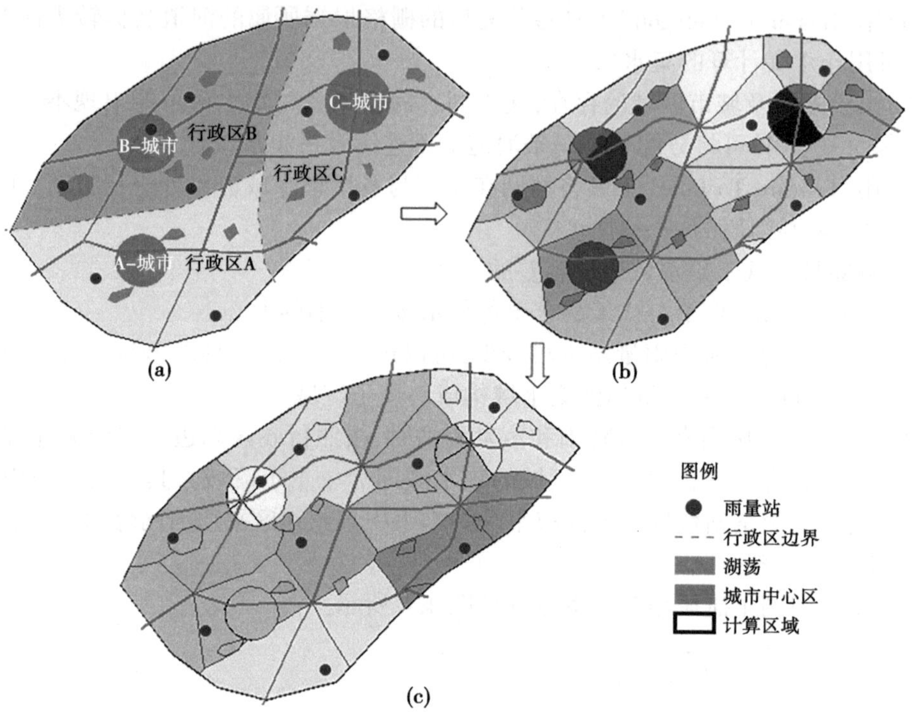

图 4.5　集水域与子流域划分结果示例

本书提出的河网概化方法和水文模型建模方法,快速实现了径流就近汇入河网的关联。图 4.6 为河段与集水域相互关联结果的局部放大图。由图 4.6 可见,通过本书所提出的划分方法,河道与不同下垫面类型的集水域形成了一一对应关系。河道仅在汊点和不同类型的下垫面边界处打断,可有效减少水动力模型的建模工作量。此外,利用该方法构建的模型在计算不同年份的工况时,根据所获取的测站资料直接计算面雨量即可,无须重新构建模型。

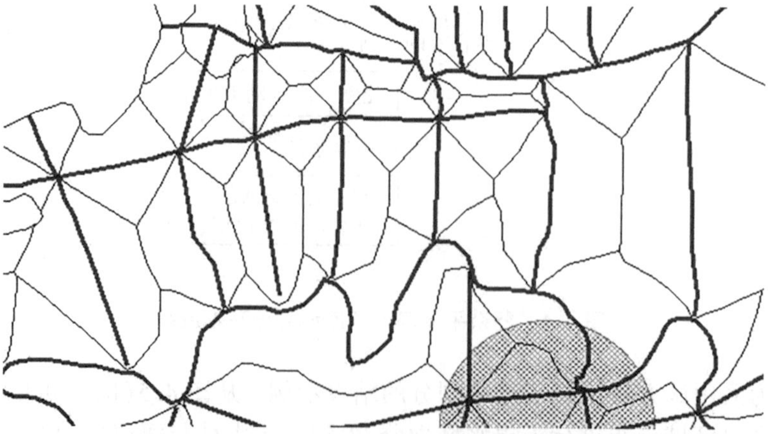

图 4.6　河段与集水域相互关联的局部放大

4.4 小　结

针对平原河网地区的特点，分别提出了一种河网概化方法和水文模型构建方法，并基于 ArcGIS 平台空间算法实现。

(1)提出的河网概化方法避免了大量人工操作和主观选择，且能使概化河网与原河网的调蓄能力近似一致。

(2)提出的水文模型建模方法实现了针对不同下垫面类型和空间位置的子流域划分，有助于水文模型与水动力模型之间的合理连接。

第5章 苏州市区域河网雨洪过程模拟应用

苏州位于太湖流域腹部,是典型的平原河网地区。如图5.1所示,该地区地势低洼,境内河港交织、湖荡众多,有各级河道2万余条、湖泊荡漾323个,水域面积占比达42.52%之多。

据史载资料统计,该地区洪涝灾害十分频繁,自251—1999年的1748年中,苏州市共遇水旱灾害534次,其中水灾次数为旱灾次数的3.1倍,尤其在251—1911年,平均约4.8年发生一次较大水灾。苏州地区东北部河道邻接长江河口,地处潮区界,如遭遇风暴潮或天文大潮,对区域排涝极为不利。近20多年来,由于长江工情、水情的变化以及热带气旋影响趋于频繁,沿江洪(潮)水位明显呈不断增高的趋势,尤其是长江河口段范围内更为显著。加之该地区近年来由于地下水开采,地面不断沉降,潮灾的威胁也在日益加重。

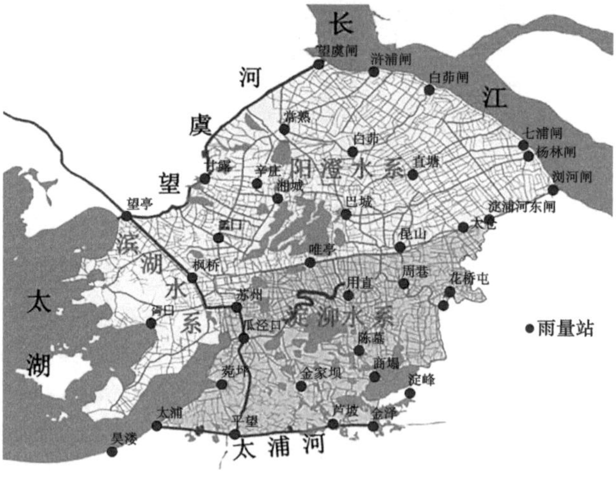

图5.1 苏州阳澄、淀泖、滨湖水系地区河网

苏州地区人类活动影响十分复杂。一方面,该地区建设了大量圩区,圩区内出入流过程受圩口闸控制。另一方面,为保证区域供水和防洪安全,修建了大量调控工程,如望亭立交、常熟枢纽、太浦闸等工程。此外,许多城市中心区开始采用和推广"大包围"洪涝防治方案,围绕城市中心区的河道修建了大量闸站。城市化速度的加快增加了该地区的洪水风险。

从河网结构与区域影响因素的复杂性来看,苏州市区域河网可作为复杂平原河网地区的典型代表。

苏州市位于太湖流域腹部,地处黄海之滨,既是我国经济最为发达的地区之一,也是典型的平原河网地区。

为了实现防洪、排涝、降渍、水环境及水资源综合利用,苏州地区大量兴建水工控制工程,全域共建有闸泵枢纽3 500余座、圩区总面积达5 536.22 km^2,占全市总面积的

65.22%。工程的大量兴建使河网结构愈加复杂,河网系统的水资源、水动力分布特征受人为调控影响强烈。

本章在前文基本理论、模拟方法研究成果的基础上,构建了苏州地区河网雨洪过程模型。研究了苏州城市中心区“大包围”的建设对该地区雨洪过程的影响,量化分析了苏州市区域防洪安全,对不同调度方式下的防洪安全进行了评估。

5.1　苏州市区域河网产汇流计算

5.1.1　研究区域概况

本章以苏州市区域河网(北至望虞河、南至太浦河、西至太湖、东至长江范围)为研究区域,总面积 6 824 km^2,约占全市行政总面积的 78.9%。包括苏州、常熟、太仓、昆山 5 个行政区,阳澄、淀泖和滨湖 3 个水系分区,是一个相对独立的河网系统。

5.1.2　苏州市区域水文模型的建立

根据本书提出的河网概化方法与水文模型建模方法,结合苏州市区域行政区划边界和城市区域分布对集水域进行分割与整合,形成 13 个子流域,如图 5.2 所示。模型将阳澄湖及澄湖两个较大湖泊作为单独的水面单元考虑,以河道形式概化入河网水动力模型,其底高程与调蓄面积与湖泊相等,其他较小湖泊通过在河网水动力模型中添加调蓄节点进行概化。根据 2013 年数据,各子流域城市、乡村以及水面面积构成如表 5.1 所示。

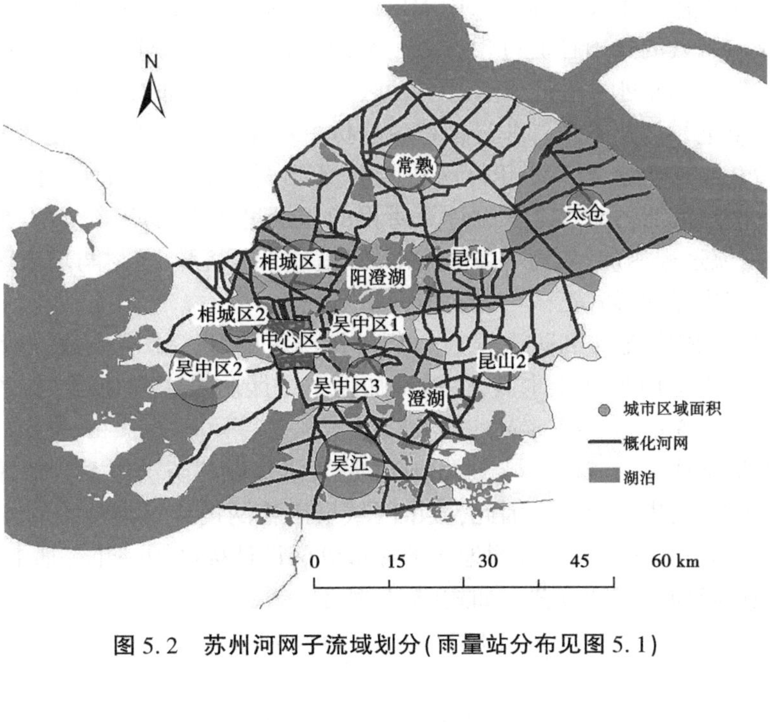

图 5.2　苏州河网子流域划分(雨量站分布见图 5.1)

表 5.1　降雨径流模型子流域划分　　单位：km^2

序号	子流域名称	城区面积	水面面积	乡村面积	
				非圩区	圩区
1	常熟	79.535	23.8	253.335	640.170
2	昆山 1	15.588	10.85	91.332	240.830
3	昆山 2	26.360	18.64	154.250	407.510
4	太仓	41.947	0	181.423	392.250
5	吴江	75.886	55.6	58.064	400.710
6	吴中区 1	82.474	18.43	23.486	118.130
7	吴中区 2	84.254	3.12	112.056	402.070
8	吴中区 3	41.439	8.66	29.371	125.340
9	相城区 1	84.535	22.45	42.825	207.780
10	相城区 2	26.351	0	24.359	80.400
11	中心区	75.000	0	0	0
12	阳澄湖	0	135.76	0	0
13	澄湖	0	48.07	0	0

注：表中为 2013 年数据，用于研究设计暴雨情况下现状河网的雨洪情况。

根据图 1.3 描述的水文过程。采用 MIKE 软件的 NAM 和 Urban 降雨径流模型分别计算乡村与城市区域的降雨径流过程。对于水面，采用净雨和湖泊面积的乘积作为汇流量，以点源方式加入河网的调蓄节点。乡村区域按照圩区和非圩区面积比例对 NAM 水文模型计算结果进行加权平均。非圩区产流量按 1 d 降雨、3 d 汇入与之关联的河道（每天汇流比例为 0.4∶0.4∶0.2）。对于圩区和城市，汇流过程分别按照圩区排涝模数和城市雨水管网系统的过流能力对水文模型计算所得的流量过程进行调整，如图 5.3 所示。将非圩区、圩区汇流过程相加，作为与乡村集水域的总汇流过程。乡村与城市区域的汇流量分别以旁侧入流边界的形式汇入与之对应河道。

根据苏州市《阳澄淀泖区防洪规划》，阳澄淀泖区的圩区排涝模数一般在 0.8～1.2 $m^3/(s \cdot km^2)$。经过 1999 年洪水后，各地都加强了圩区防洪工程建设，本书取所有子流域的排涝模数为 1.5 $m^3/(s \cdot km^2)$。

对于平原河网地区的城市区域，“大包围”是大量建设的防洪体系。考虑城市区域径流主要通过市政管网进入河道。因此，城市区域采用管网设计过流能力对水文模型计算的汇流过程进行调整。现阶段，苏州地区的城市管网设计标准为一年一遇 1 h 降雨。

苏州市城市降雨强度计算公式如式(5.1)所示：

$$q = \frac{2\ 887.45(1 + 0.794\lg p)}{(t + 18.8)^{0.81}} \tag{5.1}$$

式中：q 为降雨强度，$L/(s \cdot hm^2)$；p 为重现期；t 为降雨历时，min，$t = t_1 + mt_2$；t_1 为地面积

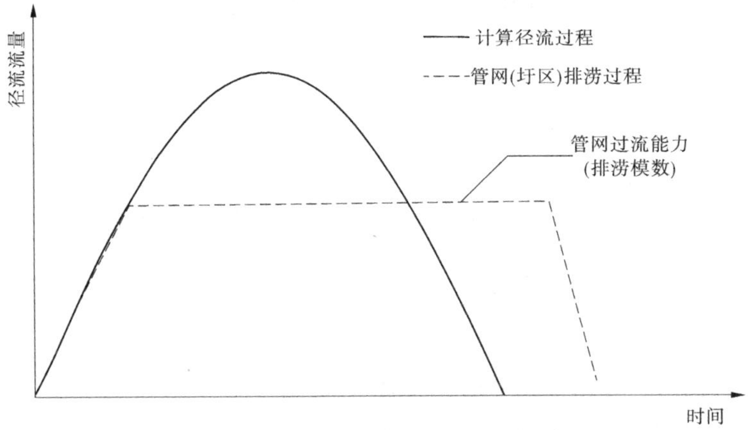

图 5.3　圩区和城市汇流过程调整示意

水时间,min; t_2 为雨水在管道内的流行时间,min;m 为延缓系数。

通过计算得到苏州市区域一年一遇 1 h 设计降雨为 30.2 mm。取径流系数为 0.8,得到苏州市管网的排涝模数(设计过流能力)约为 6.71 $m^3/(s \cdot km^2)$。研究区域所有城市子流域取相同值。利用该过流能力调整各个城市子流域的汇流过程,提高了城市区域产汇流过程的模拟精度。

5.1.3　水文模型参数取值

水文模型率定目标有以下几个方面:

(1)集水域径流模拟值与实测值吻合;

(2)水文过程线形状吻合;

(3)洪峰时间与洪峰流量吻合;

(4)地下水层水流流量过程吻合。

由于资料获取难度以及模型本身的局限性,这些目标需要有一定的取舍。对于平原河网区域,由于不存在明显的分汇水边界和汇流出口位置,难以根据实测资料确定子流域的产流量和流量过程线,常规的水文模型率定目标在平原河网地区需要进一步简化。此外,密布的水工调控工程也对水动力模型产生显著影响,河道流量也不能作为率定目标。因此,本书采用计算区域内多个水位测站的实测水位值对模型进行率定和验证。

考虑研究区域不同时期的水利工程建设和调度方式有较大差异,率定和验证过程应当尽量避免工程频繁调控的丰水年和枯水年。本书利用典型平水年 1988 年 1 月 1 日—6 月 30 日数据率定水动力模型和水文模型,利用 7 月 1 日—12 月 31 日数据对模型进行验证。拟定参数取值后,通过 4 次重复计算 1988 年全年水文水动力模型,以第四轮模拟的最终结果为初始条件启动率定期和验证期计算,以减少资料时间较短对结果精度的影响。

5.1.3.1　NAM 水文模型

在率定初始阶段,可将 TOF、TIF 和 TG 设为 0。经过一轮对主要模型参数 U_{max}、L_{max},CQOF、$CK_{1,2}$ 和 CKBF 的率定后,对上述参数临界值进行较准确的率定。这些参数虽然有明确的物理意义,但是具体取值难以根据实测资料确定,因此应当根据平原河网地区水文特性确定这些参数的取值范围。

地面蓄水区的最大含水量 U_{max} 一般取值为 10～20 mm。根区最大含水量 L_{max},在率定初始阶段,假定与 U_{max} 保持固定比例 $U_{max}=0.1L_{max}$,以减少率定参数数量。

地表径流系数 CQOF 是一个非常重要的参数,取值介于 0～1,下垫面不透水性越强,该系数取值越大。由于苏州地区水面率较大,土壤的初始含水率高,其乡村区域 CQOF 取值应高于一般乡村地区,取 0.5 左右。

壤中流时间常数 CKIF 对于降雨径流计算并不是十分重要的参数,取值为 500～1 000。

壤中流与地表径流时间常数 $CK_{1,2}$ 取值取决于流域产流对降雨响应的敏感程度,一般取值范围为 3～48 h,乡村区域产流速度较慢,取值较大;该参数决定了降雨径流量峰值,可用测站点最高水位值进行率定。

根区地表径流临界值 TOF 可以根据地表径流对暴雨的响应程度进行估计,一般取值范围为 0～0.7。

壤中流临界值 TIF 对计算结果影响较小,大多数情况取值为 0。

地下水补给临界值 TG 用于描述汛期开始时延迟地下水补给的发生,取值范围为 0～1,根据相关文献,取值约为 0.35。

基流时间常数 CKBF 能够通过水位曲线回归分析进行估计,一般取值为 500～5 000 h。经过以上分析,结合季益柱、杨松彬及焦创等的研究成果,苏州市域河网降雨径流模型重要参数取值如表 5.2 所示。

表 5.2　苏州市域河网降雨径流模型重要参数取值

参数	U_{max}	L_{max}	CQOF	TG	TOF	TIF	CKIF	$CK_{1,2}$	CKBF
乡村区域	12	40	0.45	0.35	0.6	0.3	1 000	3.5	2 000

5.1.3.2　Urban 水文模型

MIKE 软件中 Urban 水文模型需要给出的参数如第 2 章所述。其中,城市下垫面区域的面积通过查询苏州地区统计年鉴获得,整个苏州市区 1990 年左右的城市建成区面积约为 37.1 km^2。由于其他城市无详细资料,假定研究区域各城市的发展速度接近,采用 2013 年市区面积增加率对其余城市 1990 年的建成区面积进行折算,结果如表 5.3 所示。

表 5.3　1990 年苏州地区各城市区域城市建成区面积折算结果

城市名称	苏州市区	吴江	常熟	昆山	太仓
建成区面积/km^2	37.1	9.18	10.39	7.64	4.88

Urban 水文模型中需要给出城市地区不透水陆面和透水陆面的所占比例。考虑早期的建成区域统计数据多数由城市各类建筑物和道路面积叠加所得,因此在水文模型中将表 5.3 中的数据都认为是城市不透水区面积。城市子流域的长度用与城市区域面积相等的圆形半径来表示。其余模型参数参照相关文献取值,结果见表 5.4,各城市集水域的模

型参数取相同值。

表 5.4　城市区域水文模型参数

子流域	长度/m	坡度/‰	湿润损失/mm		储水损失/mm	曼宁系数/($m^{1/3}$/s)	
			屋顶	地面		屋顶	地面
常熟	1 819.04	0	0.05	0.05	0.6	80	70
昆山 1	950.87	0	0.05	0.05	0.6	80	70
昆山 2	1 236.52	0	0.05	0.05	0.6	80	70
太仓	1 246.65	0	0.05	0.05	0.6	80	70
吴江	1 709.84	0	0.05	0.05	0.6	80	70
吴中区 1	1 720.10	0	0.05	0.05	0.6	80	70
吴中区 2	1 738.60	0	0.05	0.05	0.6	80	70
吴中区 3	1 219.33	0	0.05	0.05	0.6	80	70
相城区 1	1 741.43	0	0.05	0.05	0.6	80	70
相城区 2	972.23	0	0.05	0.05	0.6	80	70
中心区	607.64	0	0.05	0.05	0.6	80	70

5.2　苏州市区域河网概化与水动力模型建立

研究区域内有河道约 2 万条。通过概化，建立了如图 5.4 所示的计算河网。概化后的水动力模型有河道(河段)238 条，河道断面形状根据资料概化为梯形或矩形。模型考虑了主干河道的控制性工程、长江沿岸枢纽、太湖东岸枢纽、苏州市大包围枢纽以及望虞河东岸枢纽 100 余座。

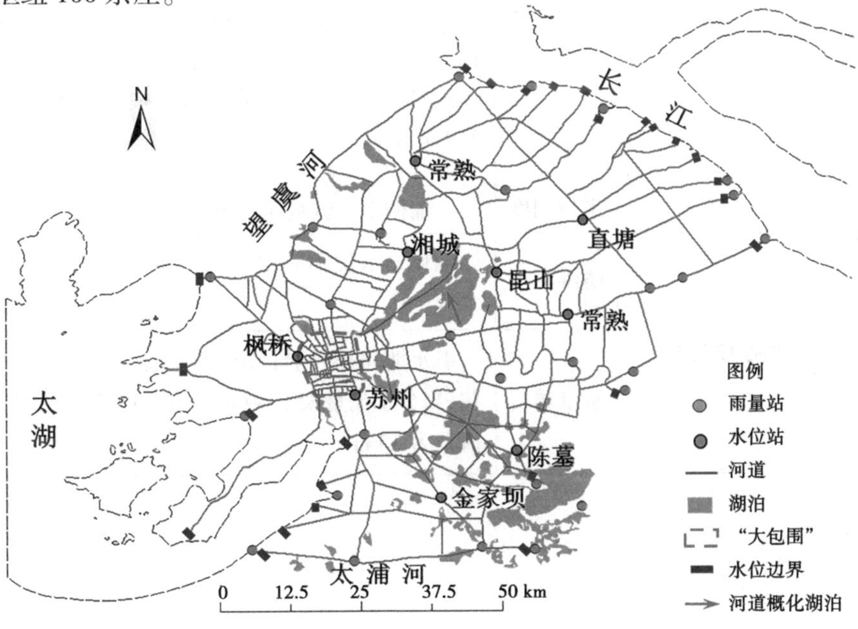

图 5.4　河网水动力模型概化结果

1999 年太湖流域遭遇特大洪水后,流域管理部门制定了太湖流域防洪调度方案,苏州市相关部门也根据区域内实际情况启用了“大包围”防洪调度方案。根据相关调度规定,结合区域闸站调控特点,本书将模型中涉及的闸泵站设置与调度规则列于表 5.5。表 5.5 中所列规则虽与现状实际运行规则不完全相同,但能基本反映该区域的闸站运行特点。由于缺少各个闸门和泵站的启闭速度资料,统一设定闸门启闭速度为 0.04 m/s,泵站启闭速度为每秒增加或减少 0.1 m^3/s。

表 5.5 河网水动力模型闸泵站设置与调度规则

调控工程		调度方式	
太湖东岸沿线	水闸 6 座	防洪调度	当太湖水位不超过 4.1 m 时,开闸泄水;太湖水位超过 4.1 m 后控制
		水量调度	太湖单侧排水(避免污水进入太湖)
	望亭立交	防洪调度	当太湖水位不超过 4.2 m 时,按琳桥水位不超过 4.15 m 控制;太湖水位不超过 4.4 m 时,按琳桥水位不超过 4.3 m 控制;太湖水位不超过 4.65 m 时,按琳桥水位不超过 4.4 m 控制
		水量调度	与常熟枢纽(引水期间)同步开启(本模型不考虑望虞河西岸口门)
	太浦闸	防洪调度	当太湖水位不超过 3.5 m 时,太浦闸泄水按照平望站水位不超过 3.3 m 控制;当太湖水位不超过 3.8 m 时,太浦闸泄水按照平望水位不超过 3.45 m 控制;当太湖水位不超过 4.2 m 时,太浦闸泄水按照平望水位不超过 3.6 m 控制;当太湖水位不超过 4.4 m 时,太浦闸泄水按照平望水位不超过 3.75 m 控制;当太湖水位不超过 4.65 m 时,太浦闸泄水按照平望水位不超过 3.9 m 控制
		水量调度	太浦闸下泄流量保持 50 m^3/s
望虞河东岸沿线	水闸 12 座	防洪调度	湘城站水位不超过 3.7 m 时敞开,超过 3.7 m 时全关
		水量调度	引水期间开启冶长泾、寺泾港、尚湖以及琳桥港口门,当分水流量大于 50 m^3/s 时,适当减小开度至过闸流量为 50 m^3/s

续表 5.5

<table>
<tr><th colspan="2">调控工程</th><th colspan="2">调度方式</th></tr>
<tr><td rowspan="6">长江沿线</td><td rowspan="2">常熟枢纽</td><td>防洪调度</td><td>太湖水位高于 3.5 m 时,开始泄水;不满足自排条件时,开泵排水</td></tr>
<tr><td>水量调度</td><td>张桥水位不超过 3.8 m 时,开闸引水;不满足自引条件时,开泵引水</td></tr>
<tr><td rowspan="2">浒浦闸、白茆闸、杨林闸、七浦闸、浏河闸</td><td>防洪调度</td><td>苏州站水位高于 3.5 m 时,及时排水(满足开闸自排条件则开闸排水,不满足则开泵抽排);水位在 3.0~3.5 m 时,不引不排</td></tr>
<tr><td>水量调度</td><td>苏州站水位低于 3.0 m 时,从长江引水;不满足自引条件时,开泵引水</td></tr>
<tr><td rowspan="2">新泾河闸、钱泾河闸、荡茜闸、浪港闸、海洋泾闸、徐六泾闸、金泾港闸</td><td>防洪调度</td><td>直塘站水位高于 3.2 m 时,及时排水(满足开闸自排条件则开闸排水,不满足则开泵抽排);水位在 2.8~3.2 m 时,不引不排</td></tr>
<tr><td>水量调度</td><td>直塘站水位低于 2.8 m 时,从长江引水;不满足自引条件时,开泵引水</td></tr>
<tr><td rowspan="2">苏州城区大包围</td><td rowspan="2">闸站总数 42 个,闸站合建计为 2 个</td><td>防洪调度</td><td>枫桥站水位超过 3.5 m 时,“大包围”关闭水闸防洪;内河水位高于外河水位时,开闸抢排。排涝泵站在关闸挡洪期间,若内河水位高于 3.0 m,开泵抽排;若外河水位低于内河水位,泵站关闭,开闸排水</td></tr>
<tr><td>水量调度</td><td>枫桥站水位低于 2.8 m 时,由“大包围”北部引水(自引或泵引);“大包围”内水位超过 3 m 时,停止引水。其余时间闸门全开</td></tr>
</table>

5.3　模型率定及其验证

1988 年为苏州地区典型平水年,采用该年资料对模型进行率定和验证可减小不同时期工程建设和调度情况对模型的影响。参与模型率定和验证的水位站点有常熟、直塘、苏州、金家坝、陈墓、湘城、周巷、昆山以及平望,如图 4.9 所示。采用 1988 年 1 月 1 日至 6 月 30 日结果对水动力及水文模型的参数进行调整,用 7 月 1 日至 12 月 31 日数据对率定结果进行验证。由于水文模型参数取值参照了模型手册推荐数值和前人研究成果,在模型率定过程中以调整水动力模型糙率为主要手段。为减小初始条件对计算结果的影响,对 1988 年全年水文过程进行 4 次重复计算,以第 4 年的计算结果作为初始条件,得到各子流域汇流过程。将各模拟河段的旁侧入流边界和水位边界输入水动力模型,启动率定期和验证期的河网雨洪过程计算。

5.3.1　模型率定

水动力模型主要率定参数为河道糙率。总体原则为高级别河道糙率小于低级别河道的、断面较宽河道的小于断面较窄河道的。结合南京水利科学研究院于 2013 年现场测量的成果，经过试算，根据同期实测水位值对糙率进行逐步调整，确定河道糙率取值为：一级河道 n 介于 0.026~0.028，二级河道 n 介于 0.029~0.032，三级河道 n 介于 0.033~0.050。

图 5.5 为 1988 年 1 月 1 日至 6 月 30 日各测站的水位计算值与实测值对比结果。由图 5.5 可见，整个计算区域内水位计算值与实测值大小和波动趋势吻合度高，平均误差为 5 cm，模拟精度较好。

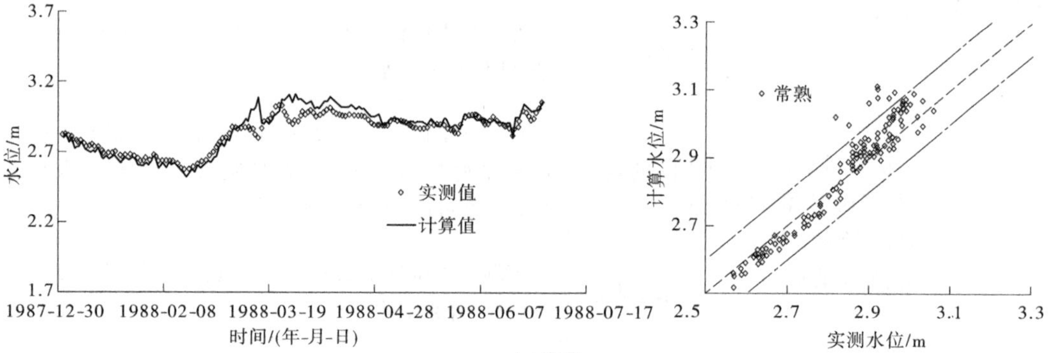

(a)常熟

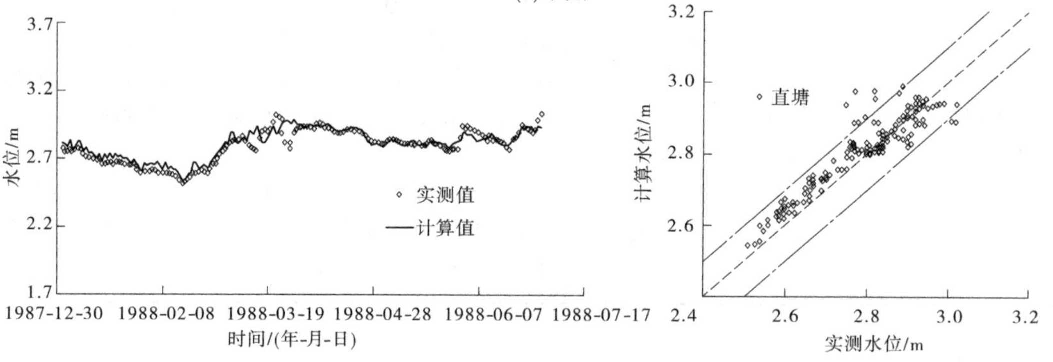

(b)直塘

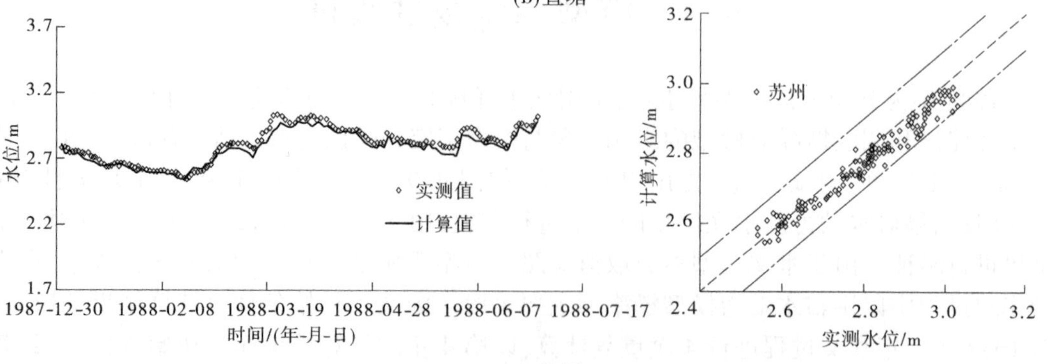

(c)苏州

图 5.5　1988 年 1 月 1 日至 6 月 30 日率定期水位对比

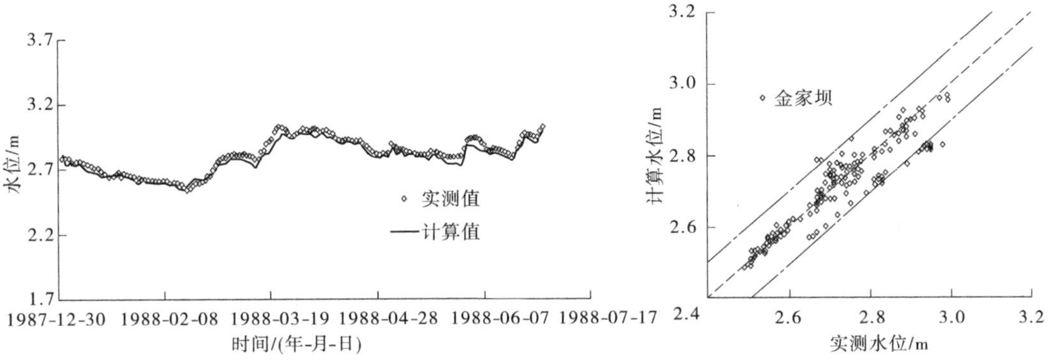

(d)金家坝

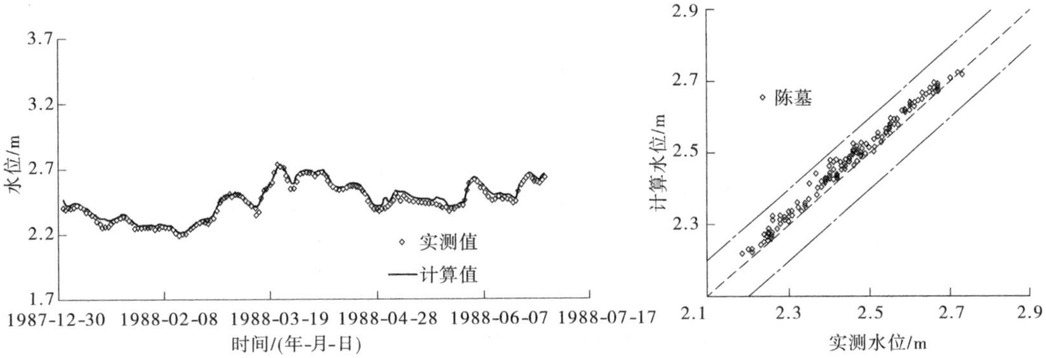

(e)陈墓

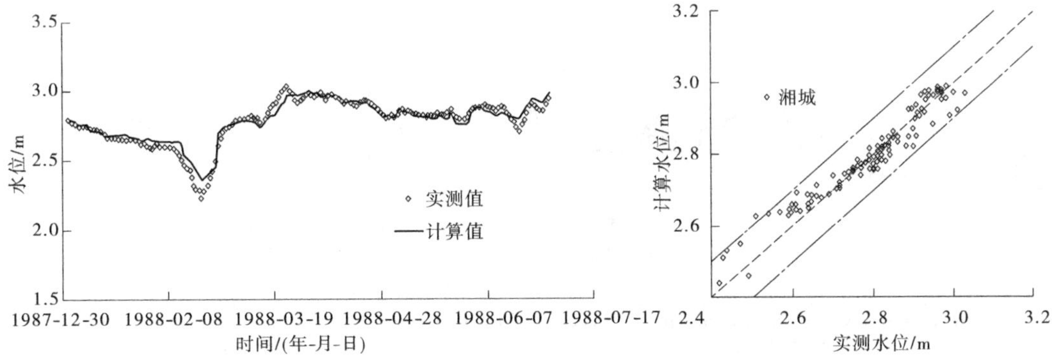

(f)湘城

续图 5.5

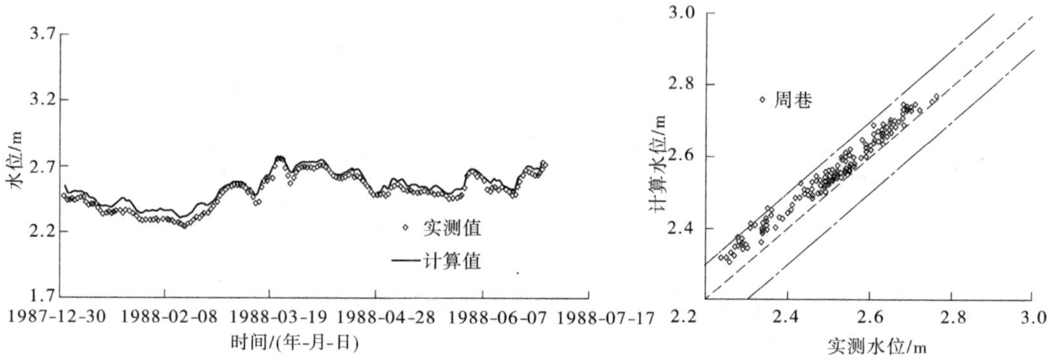

(g)周巷

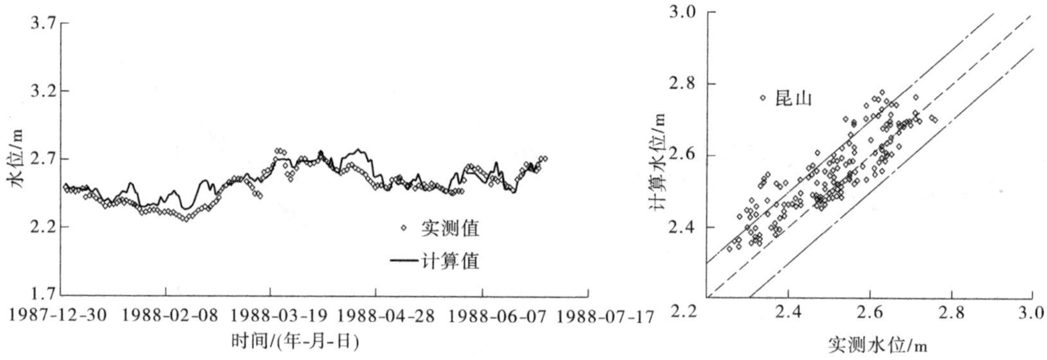

(h)昆山

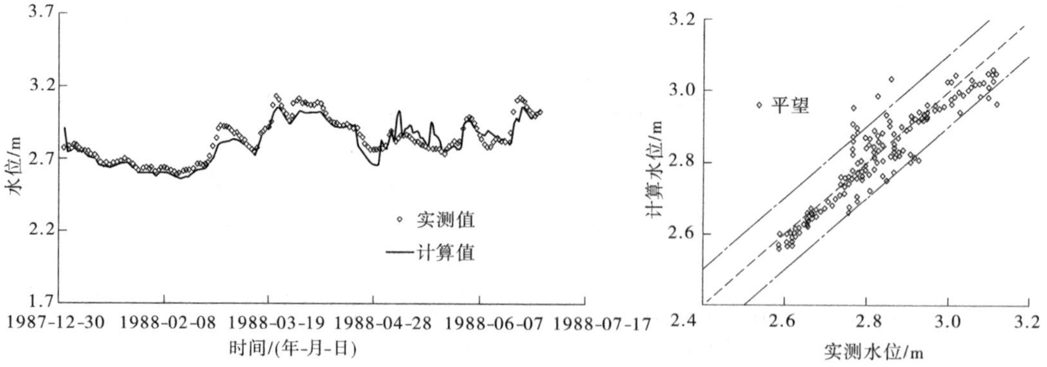

(i)平望

续图 5.5

5.3.2　模型验证

图 5.6 为验证期 7 月 1 日至 12 月 31 日计算水位与实测水位对比。由图 5.6 可见，各水位测站水位值误差与率定期计算结果基本一致。距离长江较近的测站当水位较低时，受长江潮汐水位波动影响，计算水位值波动明显，而实测水位是日平均水位，因此相对较为平稳。率定与验证结果表明，本项研究所建立的模型能够较准确地模拟苏州河网水动力特性，可为后续研究奠定基础。

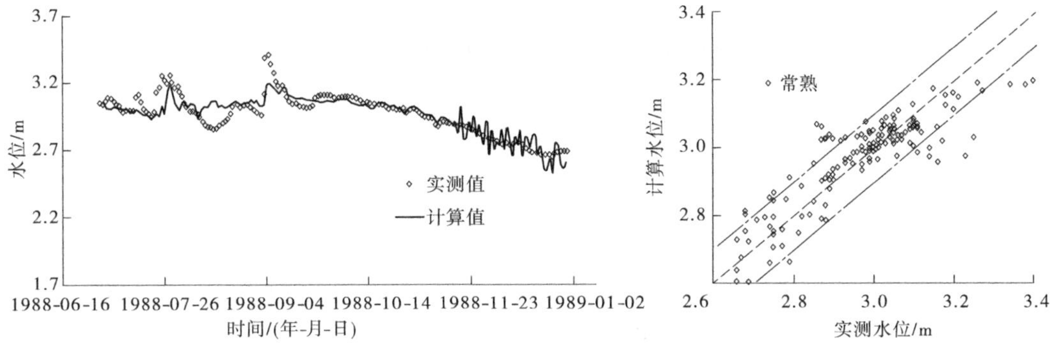

(a)常熟

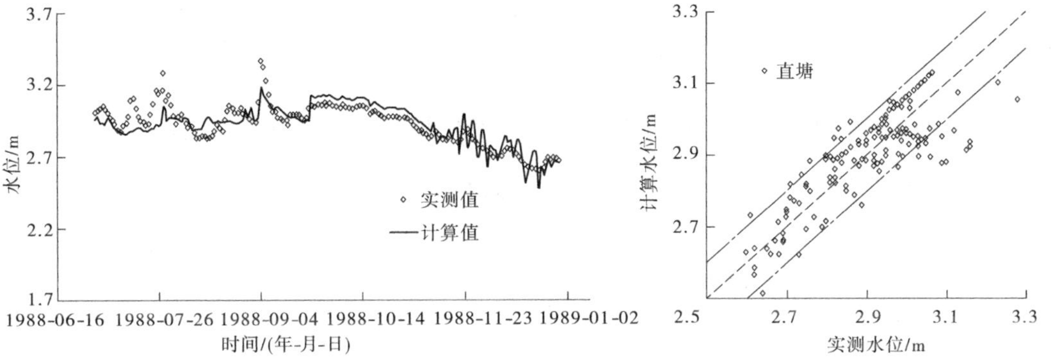

(b)直塘

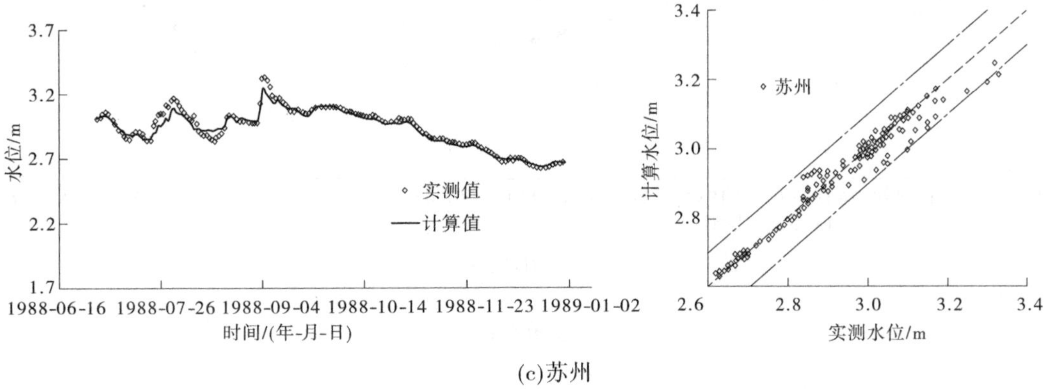

(c)苏州

图 5.6　验证期 7 月 1 日至 12 月 31 日计算水位与实测水位对比

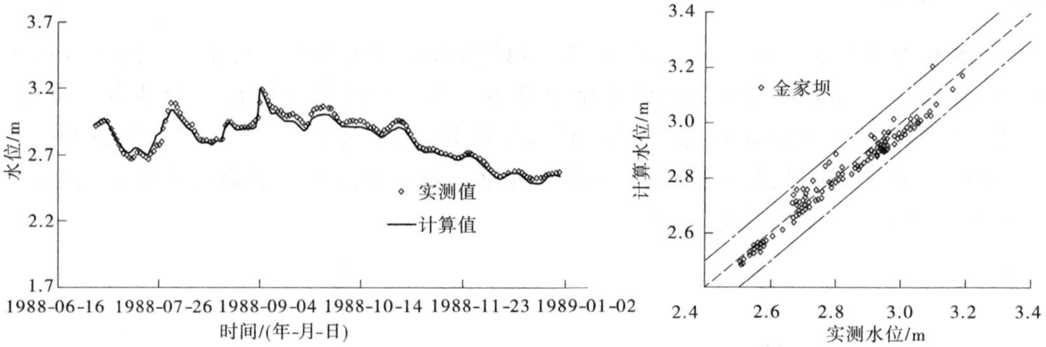

(d)金家坝

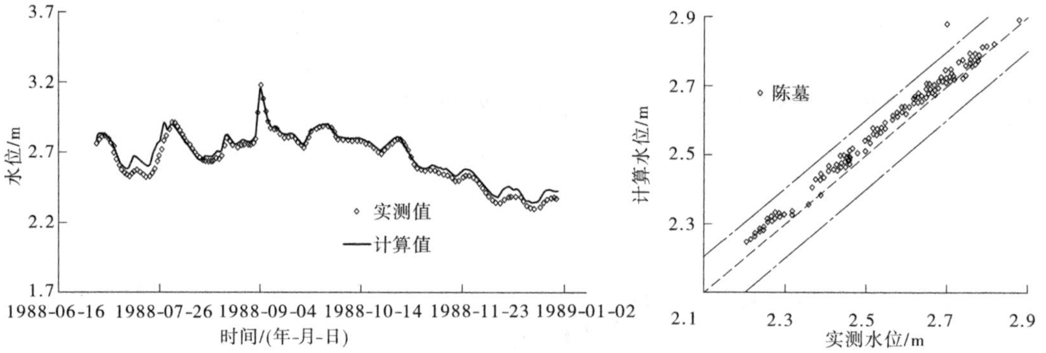

(e)陈墓

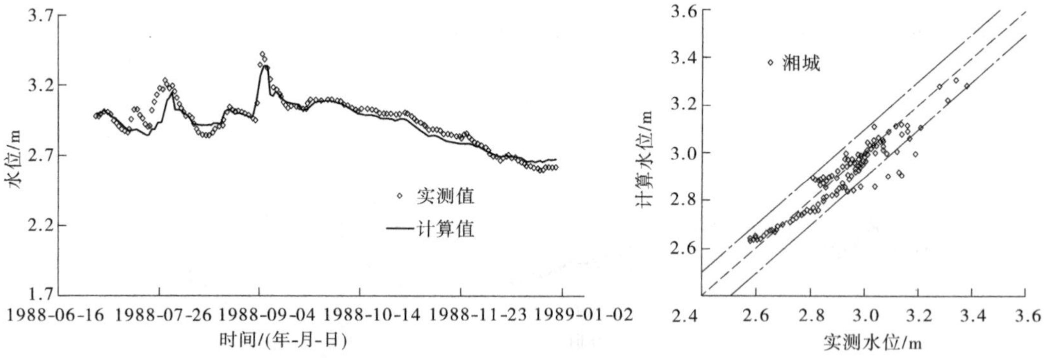

(f)湘城

续图 5.6

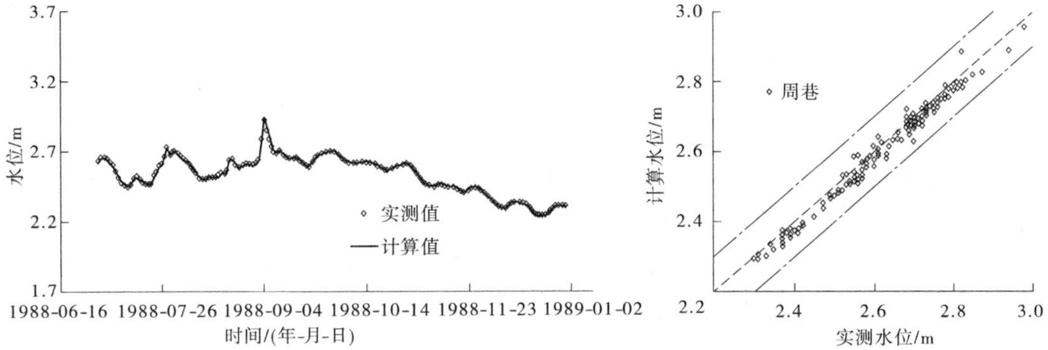

(g)周巷

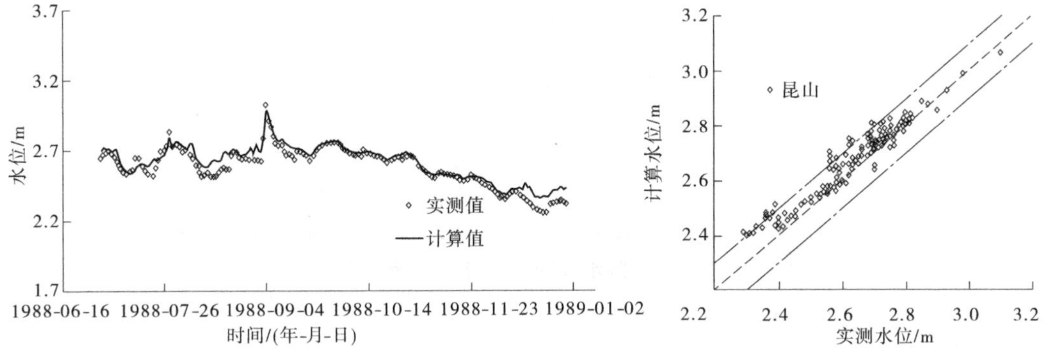

(h)昆山

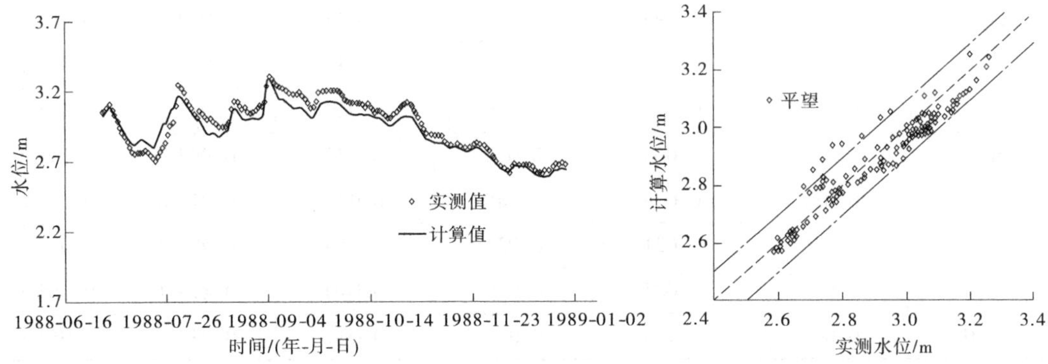

(i)平望

续图5.6

5.3.3　模拟精度分析

采用绝对误差平均值(MAE)、均方根误差(σ_{AE})以及相关系数(R)对各个测站的水位模拟结果进行定量评估,计算公式如式(5.2)~式(5.4)所示,结果见表 5.6。表 5.6 中数据显示,大多数测站的水位平均绝对误差低于相关规范要求。靠近长江边的测站如直塘和常熟在枯水期受长江潮汐影响明显,计算值出现高低起伏。由于实测数据为一天中的水位均值,所以这些站点计算结果误差较大。均方根误差反映出常熟站和直塘站计算结果波动较大。通过比较率定期和验证期的相关系数,表明本书所建立的模型具有较好的预测能力,能够用于模拟苏州地区河网的雨洪过程。

$$\mathrm{MAE} = \frac{1}{N}\sum_{i=1}^{N} |h_{\mathrm{obs}} - h_{\mathrm{sim}}| \tag{5.2}$$

$$\sigma_{\mathrm{AE}} = \sqrt{\frac{1}{N}\sum_{i=1}^{N} (\varepsilon_i - \mathrm{MAE})^2} \tag{5.3}$$

$$R = \frac{\sum_{i=1}^{n}(h_{\mathrm{obs}} - \overline{h_{\mathrm{obs}}})(h_{\mathrm{sim}} - \overline{h_{\mathrm{sim}}})}{\sqrt{\sum_{i=1}^{n}(h_{\mathrm{obs}} - \overline{h_{\mathrm{obs}}})}\sqrt{\sum_{i=1}^{n}(h_{\mathrm{sim}} - \overline{h_{\mathrm{sim}}})}} \tag{5.4}$$

式中:h_{obs} 为水位观测值,m;h_{sim} 为水位模拟值,m;ε_i 为 i 时刻的水位误差值,m。

表 5.6　各水位观测站计算误差数据

观测点	MAE/m		σ_{AE}		R	
	率正期	验证期	率正期	验证期	率正期	验证期
常熟	0.042	0.091	0.040	0.099	0.955 4	0.868 4
直塘	0.036	0.093	0.033	0.025	0.932 5	0.837 4
苏州	0.031	0.059	0.021	0.030	0.983 2	0.981 2
金家坝	0.033	0.117	0.036	0.029	0.931 3	0.985 0
陈墓	0.026	0.033	0.014	0.021	0.993 7	0.991 1
湘城	0.031	0.044	0.028	0.047	0.973 8	0.933 0
周巷	0.046	0.021	0.021	0.016	0.990 4	0.992 6
昆山	0.055	0.085	0.046	0.040	0.873 4	0.965 1
平望	0.042	0.129	0.035	0.044	0.935 5	0.961 8

5.4　闸站调控对防洪安全的影响

为保障苏州市区的防洪安全,满足城市防洪规划需求,苏州市开展了城市防洪“大包围”工程的建设。“大包围”防洪圈以京杭大运河、杭嘉高速公路、沪宁高速公路为界,建筑堤防及控制建筑物,形成一个包围圈。“大包围”兼具挡洪和排涝的功能,10 座排涝泵站分布在苏州城市中心区周围,总设计流量达到 260 m^3/s。"大包围"建成后,在 2013 年遭遇台风"菲特"考验时发挥了重要作用,所有泵站全力开启排涝共计 1 000 万 m^3,保证了"大包围"内部未出现超过警戒水位的情况。

"大包围"工程和区域控制口门形成了具有平原河网地区特色的水动力调控工程层级体系。这些工程的调度规则和启用水位等因素对区域水安全有较大的影响。利用本书所建立的模型,模拟了典型洪水期层级体系调度下的平原河网雨洪过程,研究闸站综合调控对区域防洪安全的影响。

5.4.1　设计暴雨

1999 年太湖流域发生了近年来最严重的一次洪水,局部区域洪水位达到 200 年一遇以上,太湖水位也达到了历史最高值。因此,本书利用太湖流域 1999 年实测水文资料,采用同频率方法分别设计了 1999 年型 100 年一遇和 200 年一遇 15 d 暴雨过程,分别如图 5.7(a)和图 5.8(a)所示。考虑 6 月 30 日降雨量为 15 d 中最大,采用同倍比方法对逐小时降雨数据进行了放大,分别如图 5.7(b)和图 5.8(b)所示。

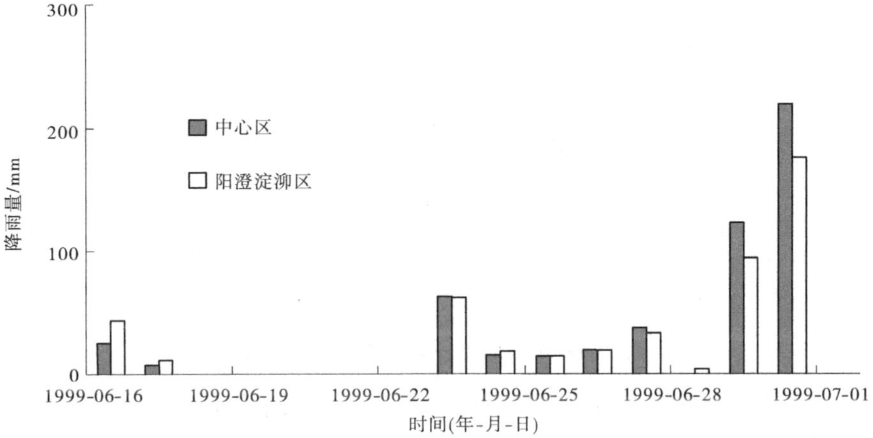

(a)100年一遇15 d设计暴雨

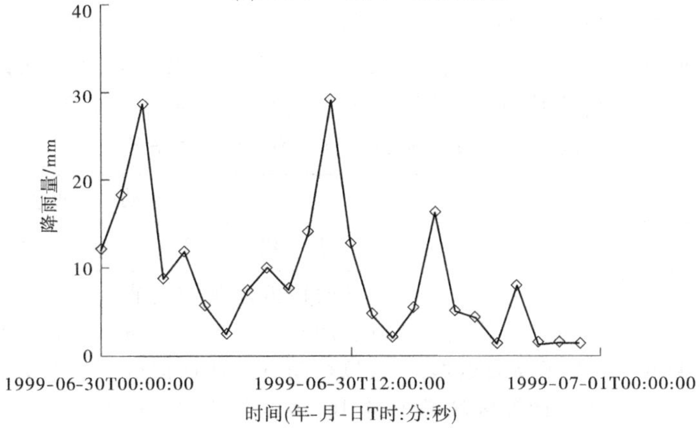

(b)最大1 d降雨

图 5.7　100 年一遇设计暴雨及最大 1 d 降雨

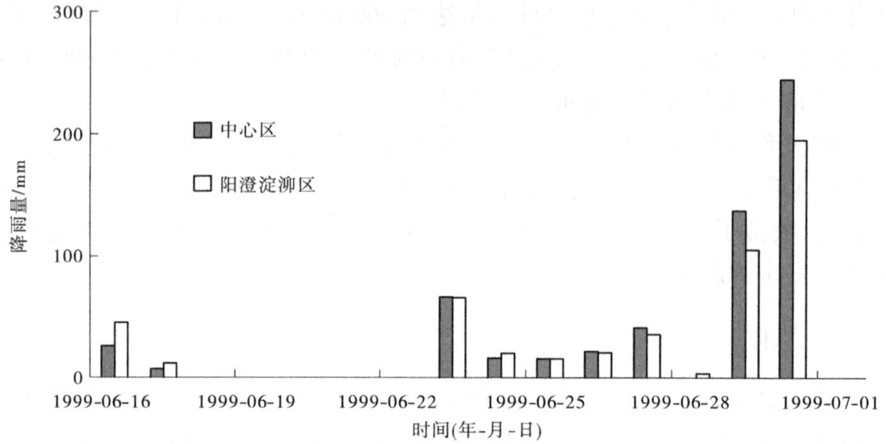

(a)200年一遇15 d设计暴雨

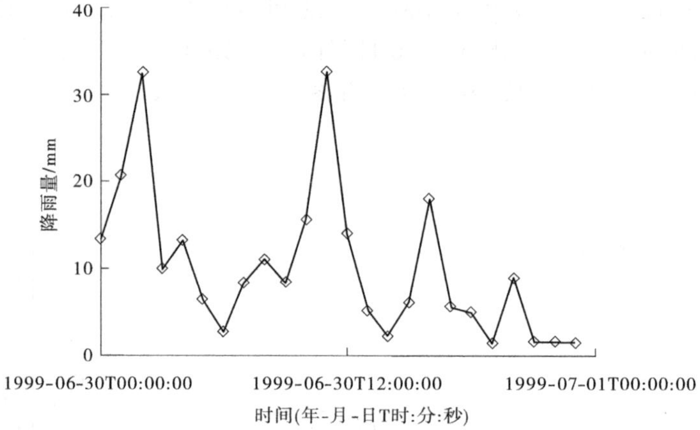

(b)最大1 d降雨

图 5.8　200 年一遇设计暴雨及最大 1 d 降雨

太湖沿岸口门边界条件采用与降雨同时期的实测太湖水位过程。长江沿岸口门边界条件为与降雨同时期的实测潮位过程。数据来源为浒浦闸和七浦闸的实测高低潮位值，通过拉格朗日三次插值得到其连续过程。其余边界通过这两个测站进行空间和时间插值得到。基于本书所建立的水文水动力模型，对 100 年一遇及 200 年一遇设计暴雨下苏州市区域河网雨洪过程进行模拟计算，具体工况及边界条件如表 5.7 所示。

表 5.7　苏州河网水文水动力模型边界条件

项目	水文模型		水动力模型	
	降雨	蒸发	长江沿岸口门	太湖东岸水位
边界条件	100 年和 200 年一遇的设计暴雨	同时期苏州站的实测蒸发数据，整个计算区域都采用该数据	同时段浒浦闸与七浦闸实测高低潮位过程通过拉格朗日三次插值得到，其余潮位边界根据这两个测站的数据按照距离加权插值得到	同时期的太湖东岸望亭立交附近的实测水位数据，所有边界水位值相同

各子流域内下垫面面积分配如表 5.1 所示。城市流域的长度采用与城市建成区面积相等的圆的半径,如表 5.8 所示。将广场和绿地区域定义为 Urban 水文模型的弱透水性区域,并明确其所占比例。利用所建立的水文模型和水动力模型模拟了现状城市建设情况下苏州地区遭遇 100 年一遇和 200 年一遇设计暴雨时的雨洪过程。

表 5.8　各子流域内下垫面面积分配(2013 年)

子流域	不透水面面积/km^2	弱透水地面面积/km^2	不透水面比例	弱渗透性地面比例	城市区域半径/m
常熟	74.693	4.842	0.94	0.06	5 032.86
昆山 1	12.982	2.605	0.83	0.17	2 228.06
昆山 2	21.947	4.412	0.83	0.17	2 897.38
太仓	33.728	8.219	0.80	0.20	3 655.00
吴江	69.123	6.763	0.91	0.09	4 916.05
吴中区 1	72.570	9.904	0.88	0.12	5 124.99
吴中区 2	74.140	10.114	0.88	0.12	5 180.02
吴中区 3	36.465	4.974	0.88	0.12	3 632.77
相城区 1	74.386	10.149	0.88	0.12	5 188.64
相城区 2	23.184	3.167	0.88	0.12	2 896.89
中心区	66.000	9.000	0.88	0.12	4 887.26

5.4.2　模拟结果

5.4.2.1　枢纽调度过程

为检验本书所建立数值模型中泵闸调控的有效性,选择苏州城市中心区“大包围”澹台湖枢纽和长江沿岸的常熟枢纽为代表,分析其水动力过程。图 5.9 为两枢纽在 1999 年 6 月 23—24 日调度过程中,闸门上下游水位、闸门开启高程、控制站点水位以及泵闸过闸流量等随时间的变化过程线。由图 5.9(a)可见,对于澹台湖枢纽,初始时刻枫桥水位低于 3.5 m,闸门底(下缘)高程为 5.0 m,为全开状态;闸门上下游水位差接近 0;排涝泵未运行,流量为 0。随着枫桥站水位上涨至 3.5 m,闸门开始关闭,排涝泵开始启动排水,排涝流量从 0 逐渐增加至 60 m^3/s,闸门完全关闭后,上下游(上游指“大包围”内侧、下游指“大包围”外侧)出现明显水位差,过闸流量保持为 0。经过一段时间排水后,闸门上游水位维持在 3.0 m 左右,排涝泵停止运行;由于枫桥站水位从 07:00 起一直高于 3.5 m,因此闸门关闭后一直不允许开启。当 15:00“大包围”内水位开始高于 3.0 m 时,排涝泵再次启动运行,之后“大包围”内水位一直维持在稍低于 3.0 m 的水平。可见,“大包围”枢纽的调控保证了城市中心区内部水位低于防洪控制水位。

图 5.9(b)为常熟枢纽 1999 年 6 月 16—17 日的调度过程,给出了模拟得到的闸上下

游水位以及闸、站流量随时间的变化过程。由图 5.9(b)可见，常熟枢纽下游为长江口潮流界，水位在 1 d 内存在两涨两落，常熟枢纽根据相应调度规则进行了合理调度，两次开闸排涝，00:00 闸门处于开启状态，闸门底高程为 5 m，利用低潮位排涝，排涝泵未启动，排涝方式为自排；随着枢纽下游潮位上涨，闸门开始关闭挡潮，排涝泵开始启动进行排涝，流量从 0 增加至设计流量 180 m^3/s，过闸流量则从初始的 506 m^3/s 降至 0。常熟枢纽泵站可双向运行，由于太湖水位一直高于警戒水位 3.5 m，因此泵站引水流量始终为 0。随着潮位逐渐降低，当满足自排条件时，闸门重新开启，闸门底高程从-3 m 逐渐抬升至 5 m，过闸流量从 0 增加至约 700 m^3/s；与此同时，排涝泵开始关闭，泵排流量从设计流量减至 0，之后随着潮位的涨落如此往复。

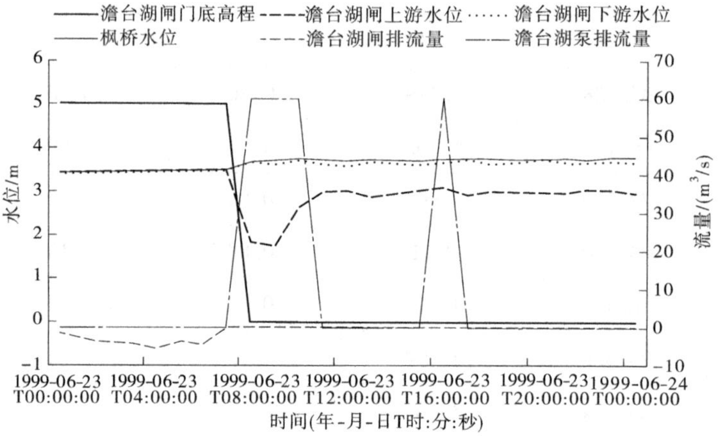

(a)澹台湖枢纽运行调度过程

(图中上游指“大包围”内侧，下游指“大包围”外侧；排水量为负，指水体流向从外向内)

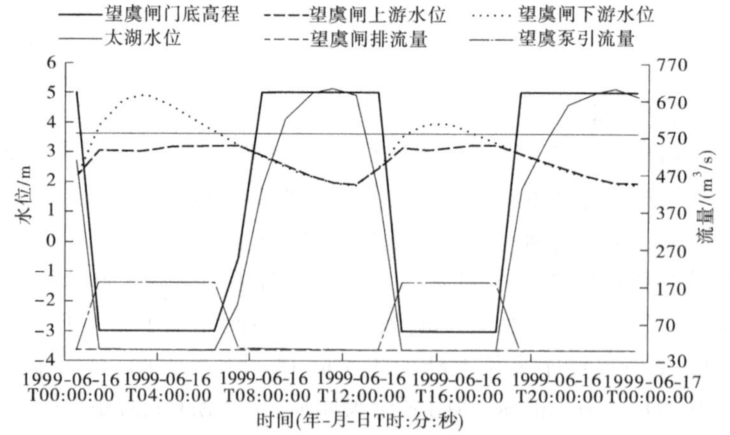

(b)常熟枢纽运行调度过程

(图中上游指内河侧，下游指长江侧；流量由上游至下游为正，反之为负)

图 5.9　两枢纽调度过程水位流量过程线

上述结果表明，本书建立的水文水动力模型可以较为精细地模拟出调控工程在相应调度原则下的运行过程，利用该模型的计算结果分析工程调控对区域防洪安全的影响是可行的。

5.4.2.2　苏州"大包围"启动水位对防洪安全的影响

枫桥站是苏州城市中心区防洪"大包围"防洪工程调度的控制站点。现状调度规则为：当枫桥水位达到3.5 m时，"大包围"开始关闸控制；之后，根据"大包围"外的水位情况利用开闸或抽排的方式将"大包围"内的水位降至3.0 m以下。枫桥水位对苏州城市中心区以及周边地区的防洪安全有重要影响。在100年一遇和200年一遇设计暴雨下，分析"大包围"调度过程中枫桥水位与"大包围"中心水位的变化关系，有助于对现状调度规则下区域防洪安全性进行评估。

图5.10为设计暴雨下苏州河网主要观测点水位过程。由图5.10(a)可见，当区域发生100年一遇设计暴雨时，枫桥站最高水位将达到5.06 m；当枫桥水位达到调度原则设定的3.5 m时，"大包围"关闸挡水，泵站全开进行排涝，经过约3 h，大包围内水位从3.5 m降至3.0 m。此后，根据区域降雨及内外水位情况间断性开启，使"大包围"内水位维持在3.0 m左右。由于6月30日出现最大1 d暴雨，"大包围"内水位出现两次明显上涨，最高水位达3.3 m。

由图5.10(b)可见，200年一遇设计暴雨下枫桥站最高水位可达5.13 m，水位整体变化趋势与100年一遇工况类似。对于"大包围"内部，水位通过泵站抽排降至3.0 m后，由于6月30日最大1 d降雨引起水位上涨至3.41 m。根据相关规划，"大包围"内最高设计排涝水位宜控制在3.8 m以内。因此，在现状工情和调度原则下，若发生200年一遇暴雨，"大包围"内仍有0.39 m水深可供调蓄。现行防洪工程及调度体系能够保障"大包围"内200年一遇设计暴雨下的防洪安全。

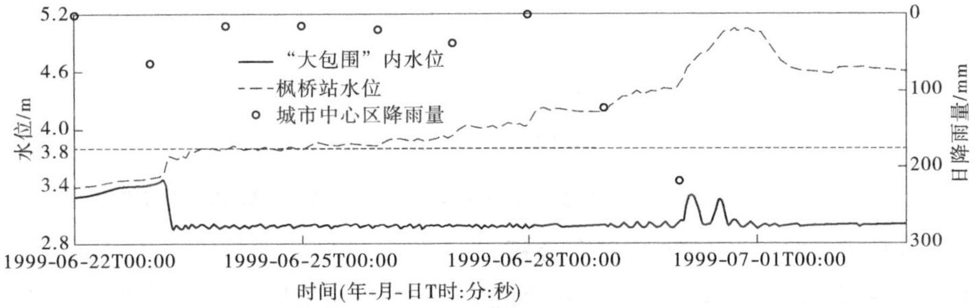

(a)100年一遇设计暴雨

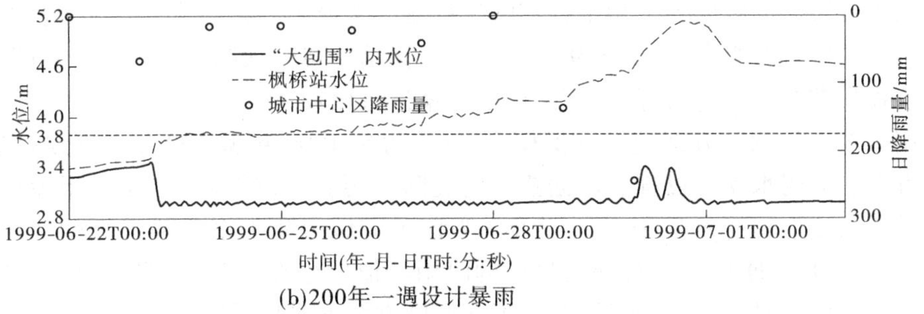

(b)200年一遇设计暴雨

图5.10　设计暴雨下苏州河网主要观测点水位过程

由图5.10中枫桥站水位过程可见，当“大包围”关闸挡水时，“大包围”外部枫桥站水位将在短时间内发生较大幅度上涨（枫桥站1 h最大涨幅达0.17 m）。虽然枫桥站水位在15 d暴雨过程的后期持续上涨至5 m以上，但对于一些低洼地区，短时间大幅度水位上涨对防洪安全较为不利。在200年一遇设计暴雨下，“大包围”在满足设计防洪条件的前提下仍有约0.4 m调蓄水深。因此，本书考虑将“大包围”闸门关闭控制水位（枫桥站水位）适当提高，以缓解枫桥站水位上涨过快给区域防洪安全带来的不利影响。利用所建立的模型模拟了200年一遇暴雨情况下，“大包围”启用水位分别为3.6 m、3.7 m以及3.8 m的工况，其他边界条件、工程调控条件与原工况的相同。

图5.11给出了“大包围”工程的启用水位与关闸后枫桥站水位涨幅的关系。由图5.11可见，随着“大包围”工程启用水位的提高，关闸后枫桥站水位涨幅可逐渐降低。当“大包围”工程控制水位设定为3.8 m时，关闸后枫桥站水位涨幅可由0.23 m降至0.16 m。结果表明，现阶段苏州市“大包围”的控制临界水位仍有一定的优化空间。具体调整幅度需要结合区域防洪、供水以及其他影响因子的变化进行多目标决策。

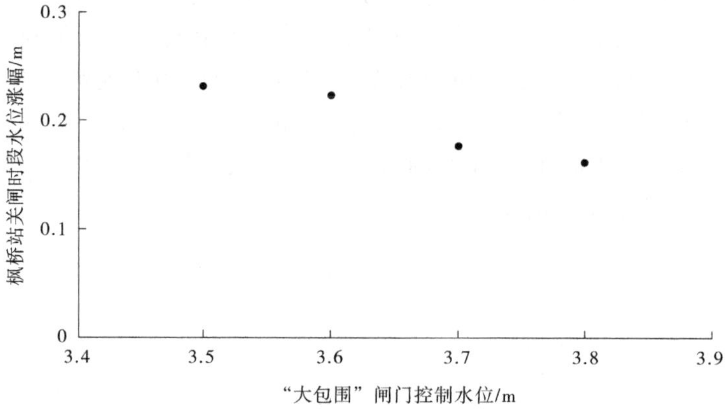

图5.11　“大包围”关闭控制水位与枫桥站关闸后水位急涨幅度的关系

5.4.2.3　不同调度方案下的防洪安全分析

为评估工程调控对苏州地区防洪安全的影响，本书从堤防失事经济损失期望的角度，对100年一遇设计暴雨下，采用不同工程调控临界水位对苏州地区防洪安全的影响进行研究。以现阶段研究区域各类型工程实际调控规则为基础，提出了5组改变各类工程的启用水位的调度方案组合，如表5.9所示。将计算结果与现状调度方案进行对照，以堤防失事经济损失期望最小为目标，对不同调度方案进行比较。

利用表5.9的调度方案建立数值模型，计算得到1999年型100年一遇设计暴雨下，各调度方案的河网水动力过程。根据获取的堤防和历史洪水资料，选定各子流域内堤防高程较低或历史上容易发生失事的位置作为该子流域堤防失事风险计算的代表。由于1999年型100年一遇15 d设计暴雨过程的降雨峰值发生在6月30日，为使流域堤防失事损失计算为同一时间，采用6月30日不同调度方案下典型堤段最高水位作为计算堤防失事经济损失期望的洪水位，如表5.10所示。

表 5.9　洪水期工程启用临界水位调整方案

方案	闸泵位置	参考站点	启用水位/m	与现有调度方案比较的调整内容
方案一（现状）	太湖沿岸	枫桥站	3.2	现有调度方案
	“大包围”	枫桥站	3.5	
	“大包围”	内河	3.0	
	长江口	常熟站	2.8~3.2	
	长江口	直塘站	2.8~3.2	
	长江口	太仓站	2.8~3.2	
方案二	太湖沿岸	枫桥站	3.2	内河水位上限提高 0.3 m
	“大包围”	枫桥站	3.5	
	“大包围”	内河	3.3	
	长江口	常熟站	2.8~3.2	
	长江口	直塘站	2.8~3.2	
	长江口	太仓站	2.8~3.2	
方案三	太湖沿岸	枫桥站	3.5	太湖沿岸枫桥站水位上限提高 0.3 m，“大包围”枫桥站水位上限提高 0.3 m
	“大包围”	枫桥站	3.8	
	“大包围”	内河	3.0	
	长江口	常熟站	2.8~3.2	
	长江口	直塘站	2.8~3.2	
	长江口	太仓站	2.8~3.2	
方案四	太湖沿岸	枫桥站	3.7	太湖沿岸枫桥站水位上限提高 0.5 m，“大包围”枫桥站水位上限提高 0.3 m
	“大包围”	枫桥站	3.8	
	“大包围”	内河	3.0	
	长江口	常熟站	2.8~3.2	
	长江口	直塘站	2.8~3.2	
	长江口	太仓站	2.8~3.2	
方案五	太湖沿岸	枫桥站	3.7	太湖沿岸枫桥站水位上限提高 0.5 m，“大包围”枫桥站水位上限提高 0.3 m，长江口水位上限提高 0.6 m
	“大包围”	枫桥站	3.8	
	“大包围”	内河	3.0	
	长江口	常熟站	2.8~3.8	
	长江口	直塘站	2.8~3.8	
	长江口	太仓站	2.8~3.8	

续表 5.9

方案	闸泵位置	参考站点	启用水位/m	与现有调度方案比较的调整内容
方案六	太湖沿岸	枫桥站	3.2	长江口水位上限提高 0.6 m
	大包围	枫桥站	3.5	
	大包围	内河	3.0	
	长江口	常熟站	2.8~3.8	
	长江口	直塘站	2.8~3.8	
	长江口	太仓站	2.8~3.8	

表 5.10　100 年一遇设计暴雨下典型堤段最高洪水位

子流域	对应河道	h_0	h_1	方案一	方案二	方案三	方案四	方案五	方案六
常熟	青墩塘	5.3	4.8	4.232	4.344	4.346	4.349	4.41	4.413
澄湖	概化河 33	4.5	4	4.378	4.378	4.378	4.378	4.399	4.398
昆山 1	浏河	5.8	5.3	4.47	4.468	4.46	4.471	4.52	4.52
昆山 2	界浦	5.2	4.7	4.406	4.403	4.408	4.407	4.474	4.474
太仓	七浦塘	5.2	4.7	4.451	4.447	4.455	4.456	4.572	4.546
吴江	大运河	4.7	4.2	4.435	4.435	4.436	4.437	4.45	4.45
吴中区 1	大水泾	4.7	4.2	4.546	4.54	4.551	4.548	4.614	4.624
吴中区 2	望虞河	5.7	5.2	4.892	4.89	4.89	4.89	4.89	4.89
吴中区 3	大运河	4.8	4.3	4.697	4.51	4.601	4.596	4.622	4.625
相城区 1	十字洋河	5	4.5	3.466	3.468	3.778	3.776	3.801	3.2
相城区 2	山塘河	5.2	4.7	5.063	5.063	5.091	5.074	5.113	5.127
阳澄湖	阳澄湖	4.8	4.3	4.517	4.515	4.521	4.522	4.604	4.604
中心区	上塘河	5.1	4.6	4.982	4.986	4.983	4.968	4.998	4.978

堤防水文失事概率可以利用如下公式进行计算：

$$P = \begin{cases} 0 & (h \leqslant h_1) \\ e^{-k(h_0 - h)^2} & (h_1 < h < h_0) \\ 1 & (h \geqslant h_0) \end{cases} \tag{5.5}$$

式中：P 为堤防失事概率；k 为系数，其大小由 h_1 决定，其值在苏州地区可取 31；h_1 为河道设计洪水位，m；h_0 为堤顶高程，m。

各子流域堤防水文失事造成的经济损失期望值可以利用式(5.6)估算：

$$B = \sum_{n=1}^{N} P_n \cdot \alpha_n \sigma_n S_n \overline{G_n} \tag{5.6}$$

式中：B 为研究区域堤防水文失事经济损失期望值，亿元；P_n 为第 n 个子流域的堤防失事概率；α_n 为淹没损失率，与淹没深度有关；σ_n 为淹没系数，即洪水失事后受淹没区域占区域总面积的比例；S_n 为第 n 个子流域的面积，km^2；$\overline{G_n}$ 为第 n 个子流域单位面积的 GDP，亿元/km^2。

本书采用的水动力模型未能模拟堤防失事后进入各子流域的淹没水量。考虑整个计算区域地势较平坦，取所有子流域的淹没系数 $\sigma_n = 1$。每个区域的淹没损失率 α_n 根据王腊春等的研究成果取值，如表 5.11 所示。由表 5.10 结果可知，100 年一遇设计暴雨下所有典型堤段的洪水位均低于堤顶高程，可认为该工况下若发生堤防失事，淹没水深应当处于较低的水平。因此，本书中采用淹没水深小于 0.5 m 时的各产业和财产的淹没损失率进行计算。

表 5.11　洪涝灾害损失率

淹没水深/m	农业(α_1)	工业(α_2)	第三产业(α_3)	居民财产和收入(α_s)
<0.5	0.15	0.01	0.02	0.02
0.5~1	0.25	0.03	0.08	0.03
>1	0.50	0.06	0.15	0.04

为研究现状苏州地区的堤防失事经济损失风险，选取 2013 年经济数据进行分析。由 2013 年《苏州统计年鉴》获得各行政区农业、工业、第三产业的产值。考虑 2013 年数据没有对各行政区的居民总财产量进行统计，本书将 2012 年地区居民总收入数据按照 2013 年 GDP 总增长率进行折算。对各类经济数据按照各个子流域的面积进行加权平均。各子流域所有产值总量之和为

$$G_{it} = G_{i1} + G_{i2} + G_{i3} + G_{is} \tag{5.7}$$

式中：G_{it} 为子流域 i 的所有产值总量之和，亿元；G_{i1}、G_{i2}、G_{i3}、G_{is} 分别为子流域 i 内第一、第二、第三产业以及居民财产和收入总量，亿元。

利用式(5.7)计算得到各个子流域(阳澄湖和澄湖不计入财产损失计算)2013 年各类产业的经济总量，并按照各类产业比例分别加权计算了各子流域的淹没损失率，如表 5.12 中的 α_i。

表 5.12　研究区域各子流域经济总量　　单位：亿元

子流域	农业	工业	第三产业	居民财产和收入	总计	α_i
常熟	40.50	1 048.29	891.52	69.56	2 049.87	0.017 45
昆山 1	10.01	628.41	446.68	40.93	1 126.03	0.015 57
昆山 2	16.93	1 062.68	755.37	69.22	1 904.20	0.015 58
太仓	36.84	532.46	432.98	77.70	1 079.98	0.019 50
吴江	38.10	773.90	603.47	67.19	1 482.66	0.018 12
吴中区 1	9.70	415.74	379.38	60.92	865.74	0.016 65
吴中区 2	33.01	1 414.90	1 291.14	207.32	2 946.37	0.016 65
吴中区 3	10.29	441.01	402.43	64.62	918.35	0.016 65
相城区 1	16.18	693.67	632.99	101.64	1 444.48	0.016 65
相城区 2	6.59	282.52	257.81	41.40	588.32	0.016 65
中心区	4.02	172.27	157.20	25.24	358.73	0.016 65

根据式(5.5)~式(5.7)分别计算得各子流域堤防失事概率和不同调度方案下的堤防失事经济损失总期望,结果如表 5.13 所示。由表 5.13 中数据可得,调度方案对区域经济损失期望值有明显影响,方案二经济损失期望最小,为最优方案,方案六经济损失最大,为最差方案。结果表明适度降低大包围的排涝水位有利于研究区域整体的防洪安全,说明现有工程调控方案将防洪风险过多转移到"大包围"外。

表 5.13　苏州河网堤防失事经济损失概率(P)与经济期望值(B)　　单位:亿元

子流域	方案一		方案二		方案三		方案四		方案五		方案六	
	P	B	P	B	P	B	P	B	P	B	P	B
常熟	0	0	0	0	0	0	0	0	0	0	0	0
昆山 1	0	0	0	0	0	0	0	0	0	0	0	0
昆山 2	0	0	0	0	0	0	0	0	0	0	0	0
相城区 2	0.560	11.796	0.560	11.796	0.690	14.534	0.610	12.849	0.790	16.641	0.850	17.905
吴中区 1	0.480	12.896	0.450	12.090	0.500	13.434	0.490	13.165	0.800	21.494	0.840	22.568
太仓	0	0	0	0	0	0	0	0	0	0	0	0
吴江	0.110	5.398	0.110	5.398	0.120	5.888	0.120	5.888	0.140	6.870	0.140	6.870
相城区 1	0	0	0	0	0	0	0	0	0	0	0	0
吴中区 2	0	0	0	0	0	0	0	0	0	0	0	0
吴中区 3	0.720	7.054	0.070	0.686	0.290	2.841	0.280	2.743	0.370	3.625	0.390	3.821
中心区	0.650	3.883	0.670	4.003	0.650	3.883	0.580	3.465	0.720	4.302	0.630	3.764
期望损失	41.027		33.973		40.580		38.110		52.932		54.928	

5.5　小　结

将提出的基于 ArcGIS 平台的平原河网概化方法与水文模型建模方法应用于苏州市区域河网雨洪过程模拟,分析了该地区工程调度条件下的洪水风险形势,得到以下主要结论:

(1)建立了苏州市区域河网雨洪过程模型,较精细地模拟了苏州城市中心区"大包围"防洪工程与边界口门的调控过程。通过率定和验证,模型具有较高的精度。

(2)通过计算堤防失事引起的经济损失期望值,量化比较了不同调度方案对区域防洪安全的影响。结果表明,现状层级调控体系将防洪风险过度转移到"大包围"。

(3)苏州城市中心区"大包围"的启动会引起"大包围"外区域水位的较快上涨,适当降低"大包围"启动的控制水位可以减小水位上涨的幅度,有利于防洪安全。

第6章　极端边界条件下苏州市区域河网雨洪过程响应

近年来,全球气候变化的相关报道屡见报端,地球温室效应、极地冰川融化引起的海平面上升引起了全球研究者的广泛关注。苏州市东北部地区与长江口相接,该区域为长江河口潮流界,沿江口门水位每日两涨两落,每月有大小潮现象,因此苏州地区河网具有明显的感潮特性。海平面上升将对苏州地区沿江口门引排水能力产生影响,进而影响该地区的防洪安全。

许多研究表明,长江三角洲地区未来降雨强度和强降雨发生的频次都会有所增加,个别地区降雨强度增幅可达30%以上。降雨强度及频次的增加,会如何影响平原河网地区的防洪安全、现阶段采用的层级防洪体系在未来能否提供有力保障等问题具有重要的研究价值。

依托本书建立的苏州市区域河网雨洪过程模型,研究了海平面上升、极端降雨对苏州市洪水过程的影响。研究成果可为未来苏州地区洪水情势预估与防洪预案制定以及工程建设决策提供参考。

6.1　海平面上升

据 Gong 等研究结果,海平面上升对长江河口苏州段潮波特性影响较小,可认为海平面上升将导致潮位过程的抬升。现有研究表明,长江口徐六泾和杨林站海平面上升速度分别为 3.0 mm/a 和 6.6 mm/a。通过模型预测,长江河口水位上涨速度以张家港和十一圩为界分为两段,潮位上段潮位上涨速度为 1~2.5 mm/a,下段潮位上涨速度为 4~6 mm/a。苏州段处于下段,潮位上涨速度较快,可以预估该地区长江口潮位至2050年较1999年将上涨 30 cm 左右。潮位的整体上升对河网防洪安全的影响需引起有关部门的重视。

6.1.1　工况设定

以前文设计的100年一遇和200年一遇的15 d暴雨过程作为水文模型边界条件。由于缺乏未来太湖水位的预测资料,太湖沿岸的水位边界仍采用1999年同期实测水位过程(历史最高水位)。沿长江口边界条件采用实测过程,每次抬升 5 cm,直至抬升至 30 cm,工况编号如表6.1所示。表6.1中分别以现状工程调度情景和无闸站调控情景作为对照,研究目前的层级防洪工程调控体系在未来海平面上升条件下对区域防洪安全的影响。

表 6.1　海平面上升计算工况编号

海平面上升高度/cm		0	5	10	15	20	25	30
工况编号	100 年一遇	100XZ	100SLR5	100SLR10	100SLR15	100SLR20	100SLR25	100SLR30
	200 年一遇	200XZ	200SLR5	200SLR10	200SLR15	200SLR20	200SLR25	200SLR30

注:“XZ”表示现状;“SLR”表示海平面上升。

6.1.2　计算成果与分析

尽管研究区域具有河网纵横交错、比降较小、往复流动等特点,但在洪水期,水体的运行方向基本呈现由北向南、自西向东的特点,如图 6.1 中的箭头所示。本书水动力模型考虑了计算区域口门与苏州城市中心区“大包围”形成的两个层级控制的调控工程包围圈。“大包围”控制了苏州城市中心区水体与外界的交换。外部包围圈控制了研究区域与外部的水体交换。通过对比苏州“大包围”内外最高水位、整个河网最大蓄水总量、沿江口门净排水量以及沿太湖口门净入流量 4 个参数,分析了研究区域防洪安全的变化趋势。

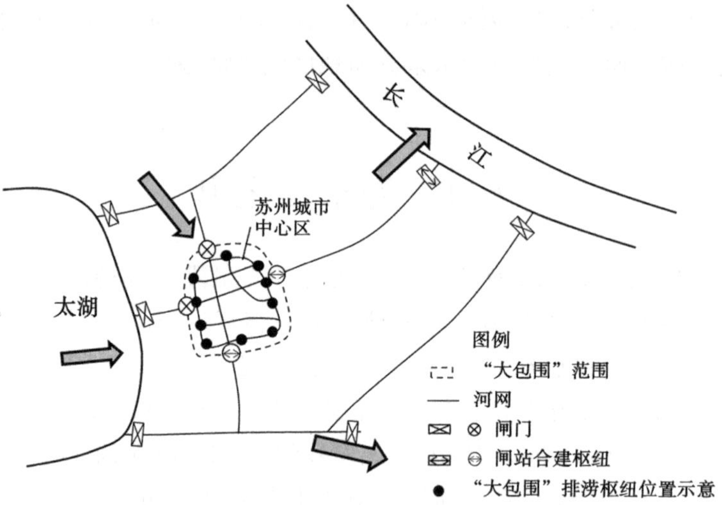

图 6.1　苏州河网“大包围”枢纽与水体流向示意

图 6.2 为“大包围”内中心点最高水位与海平面上升变化关系。洪水期沿“大包围”各口门闸门关闭挡水、泵站开启排涝,“大包围”内中心点最高洪水位受海平面上升影响较小,始终维持在 3.47 m 左右。

图 6.3 为“大包围”外河网最高水位与海平面上升关系。与“大包围”内情况相反,在现状工程调控下,“大包围”外最高水位与不调控的情况相比,发生了显著抬高,最大抬升高度达 0.34 m。说明现有工程调控对“大包围”外防洪安全较为不利,且随着海平面的上升,“大包围”外的洪水威胁更加严重。在未来防洪规划中,这一问题应引起重视。

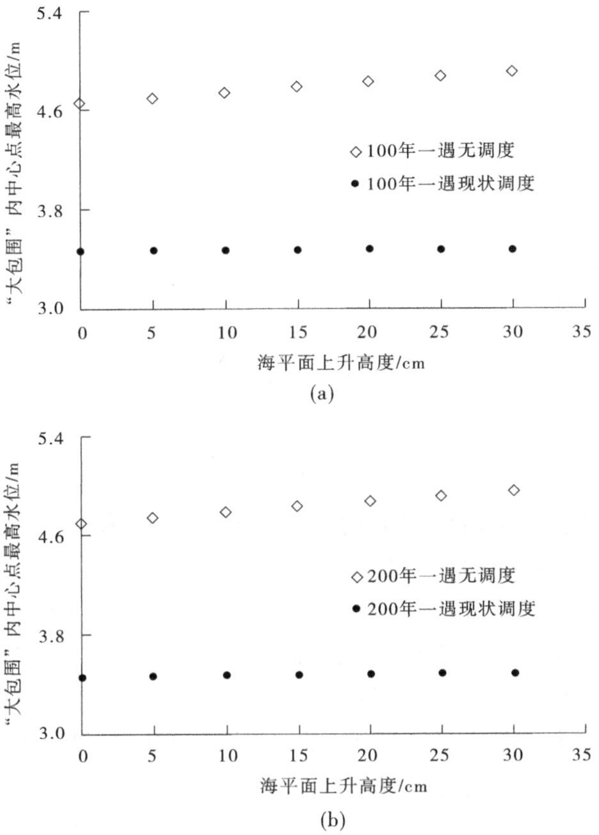

图 6.2　"大包围"内中心点最高水位与海平面上升高度变化关系

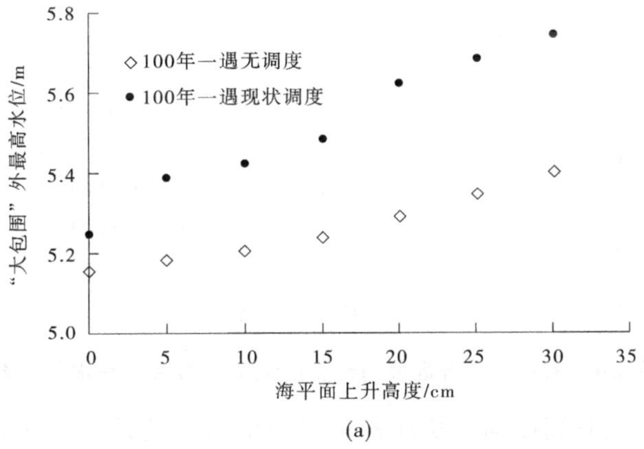

图 6.3　"大包围"外最高水位与海平面上升高度变化关系

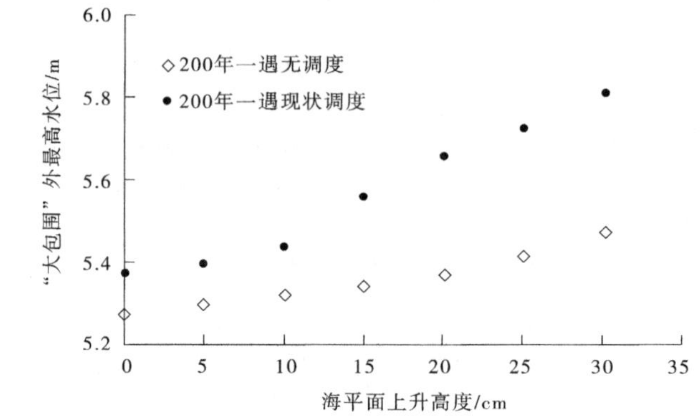

(b)

续图 6.3

图6.4为各工况下苏州市区域河网最大蓄积水量随海平面上升的变化关系。由图6.4可见，最大蓄积水量与海平面上升高度基本呈线性关系。水工程的调控能够有效降低整个河网的蓄积水量，与无工程调控工况相比，100年一遇工况最大可减小约0.55亿 m^3，200年一遇工况最大可减小约0.5亿 m^3。无工程调控时，海平面每上升1 cm，河网总蓄水量增加约340万 m^3；有工程调控时，海平面每上升1 cm，河网总蓄水量增加约300万 m^3。这意味着未来海平面上升工况下，必须给平原河网提供更大的调蓄容积，且需要加强防洪工程建设与管理，才能保障苏州地区的防洪安全。

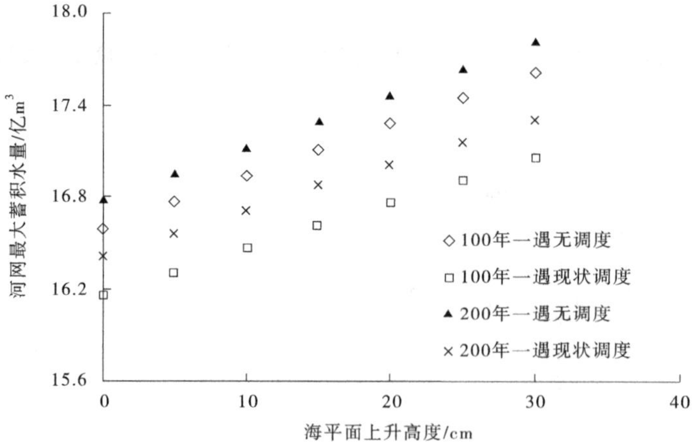

图6.4　海平面上升高度与计算区域河网最大蓄积水量关系

图6.5为海平面上升高度与沿长江各口门净出水量关系。由图6.5可见，随着海平面的上升，在现状调度规则下，沿长江口门总排水量虽有所减少，但总体上减少幅度不大，维持在13.6亿 m^3 附近。这说明无论海平面是否上升，当遭遇大洪水时，沿江闸站枢纽都根据调度规则运行，泵站抽排与闸门自排相结合，可基本维持排水总量不出现大幅减少。若无闸站调控，随着海平面上升，各口门15 d总排水量将大幅降低，降低速度达到海平面

每上升 1 cm 净出水量减少约 0.1 亿 m^3，表明沿江调控工程的安全运行对未来防洪除涝非常重要。

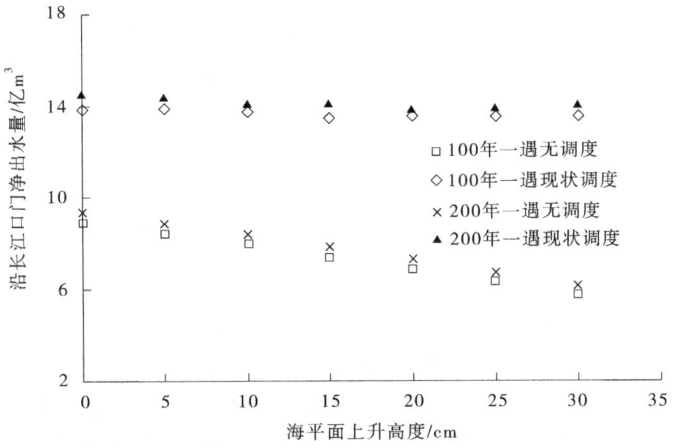

图 6.5　海平面上升高度与沿长江各口门净出水量关系

图 6.6 为不同工况下海平面上升高度与沿太湖口门净入水量的关系。由图 6.6 可见，若河网中无工程调控，随着海平面上升，太湖沿岸口门入河网水量将大幅减少，且减少量与海平面上升高度近似呈线性关系。在 100 年一遇 15 d 设计暴雨工况下，海平面每上升约 1 cm，太湖沿岸口门入河网水量将减少约 492 万 m^3。当遭遇 200 年一遇设计暴雨时，入河网水量增至 556 万 m^3。在有工程调控条件下，海平面每上升 1 cm，太湖沿岸口门入河网水量均减小约 120 万 m^3。对比有无工程调控的工况可以发现，有调控时，太湖沿岸口门净入水量明显小于工程无调控的工况，且随着海平面的上升，二者之间的差距逐渐缩小。当海平面上升 30 cm 后，各工况之间的差距很小，此时，苏州市区域河网承泄太湖洪水能力最弱。在 100 年一遇与 200 年一遇暴雨工况下，两者计算结果接近。

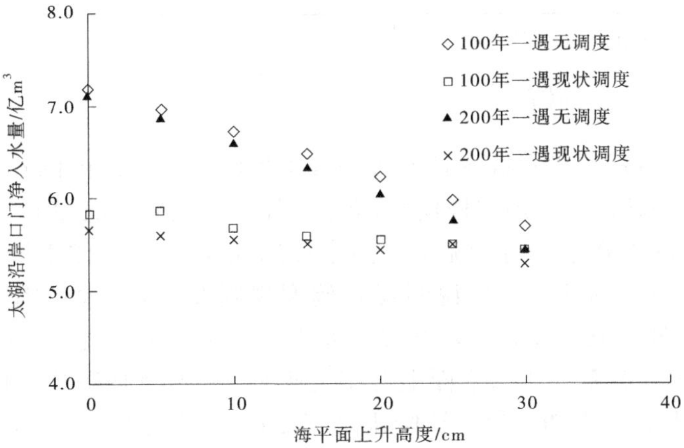

图 6.6　海平面上升高度与太湖沿岸口门净入水量关系

6.2　极端降雨条件下平原河网防洪安全

城市特大暴雨、中西部地区大旱等极端气候事件近年来在我国频频出现。联合国政府间气候变化专门委员会的评估报告显示，自20世纪70年代以来，全球呈现出热带气旋（包括台风和飓风）强度增大的趋势。随着热带海面温度的进一步升高，未来热带气旋可能会变得更强，风速更大，降水更强。李双林等利用IPCC-AR4中的气候模式，在3种不同温室气体排放情景下，分析长江中下游强降水的未来演变趋势，做出了长江中下游地区强降水频次分别增加约30%、20%、15%，降水强度分别增加约20%、20%、10%的预测。这意味着苏州地区未来不仅强降水增多，而且极端暴雨也易于出现。徐宗学等基于1954—2006年太湖流域6个气象站点的降水、气温资料，探讨了1954年以来太湖流域的气候变化问题。结果表明，未来降水增加趋势明显，增幅较大，总体上全流域年降水量呈增加趋势，并且在未来一段时间仍将持续增加。因此，苏州地区在未来遭遇极端降雨的可能性较大，开展极端降雨对苏州河网防洪安全影响的研究具有重要意义。

6.2.1　工况设定

基于前文100年一遇和200年一遇的15 d设计暴雨，考虑在此基础上，降雨强度分别增加5%、10%、15%和20% 4个等级，模拟未来可能出现的极端暴雨。水动力模型边界与原工况相同，工况编号见表6.2 。针对降雨增强情况，对比有无闸泵调控下"大包围"内外最高水位、河网最大总蓄水量、沿长江口门净出水量以及太湖沿岸口门净入水量。水文模型子流域情况与海平面上升工况一致。

表6.2　极端降雨计算工况编号

降雨强度增加/%		0	5	10	15	20
工况编号	100年一遇	100XZ	100EXR5	100EXR10	100EXR15	100EXR20
	200年一遇	200XZ	200EXR5	200EXR10	200EXR15	200EXR20

注："XZ"表示现状，"EXR"表示极端降雨。

6.2.2　计算结果与分析

图6.7为"大包围"外最高水位与降雨强度增幅的关系。由图6.7可见，与海平面上升情况类似，降雨强度增加同样使"大包围"外水位大幅上涨，200年一遇工况下最高水位约为5.66 m，100年一遇工况下最高水位约5.48 m。同样雨情下，现状工程调控使河网水位增高0.1 m以上，这说明现状调度规则在保障"大包围"内防洪安全的同时，对"大包围"外造成了较大的防洪安全威胁。图6.8为"大包围"内中心点最高水位与降雨强度增幅的关系。与海平面上升工况类似，由于闸泵调控的作用，"大包围"内最高水位变化并不明显，200年一遇降雨增强20%工况达到3.58 m，处于"大包围"排涝限制水位3.8 m以下。若无工程调控，"大包围"内水位则随着降雨的增强而增加，200年一遇降雨增强20%工况下，最高水位为4.877 m；即降雨每增强5%，"大包围"内中

心点最高水位增加 3~4 cm。

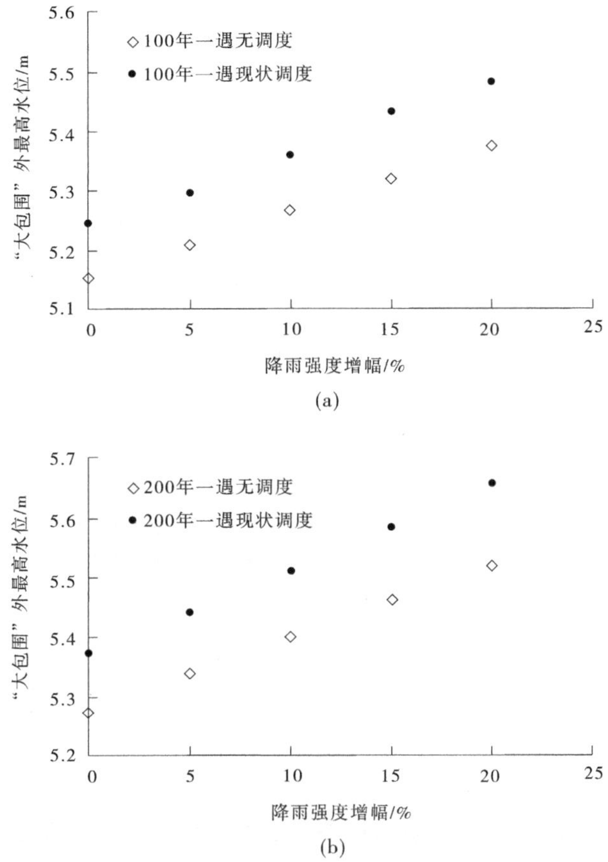

图 6.7　"大包围"外最高水位与降雨强度增幅的关系

图 6.9 为河网最大蓄积水量与降雨强度增幅的关系。由图 6.9 可见，当降雨强度增加 20%时，100 年一遇无调控工况下，最大蓄积水量为 16.91 亿 m^3；100 年一遇现状调度工况下，最大蓄积水量为 16.62 亿 m^3；200 年一遇无调控工况下，最大蓄积水量为 17.15 亿 m^3；200 年一遇现状调度工况下下，最大蓄积水量为 16.92 亿 m^3。小于海平面上升 30 cm 时各工况的河网最大蓄积水量。总体表现为有工程调控工况的河网最大蓄积水量明显小于无调控工况下的，100 年一遇工况下，二者平均差值约为 0.353 亿 m^3；200 年一遇工况下，二者平均差值约为 0.29 亿 m^3。

图 6.10 为沿长江口门出水量与降雨强度增幅的关系。由图 6.10 可见，未来降雨增加 20%时，100 年一遇与 200 年一遇工况下，沿长江口门出水量分别为 15.12 亿 m^3 和 15.61 亿 m^3，大于海平面上升 30 cm 时的总出水量。各工况降雨强度的增加对长江沿岸口门排水总量影响较小，总出水量维持较小幅度的增加。在现状调度规则下，降雨强度每增强 5%，出水量增加约 0.3 亿 m^3，无调控工况下，出水量则增加约 0.17 亿 m^3，表明工程调控维持了区域排涝能力。

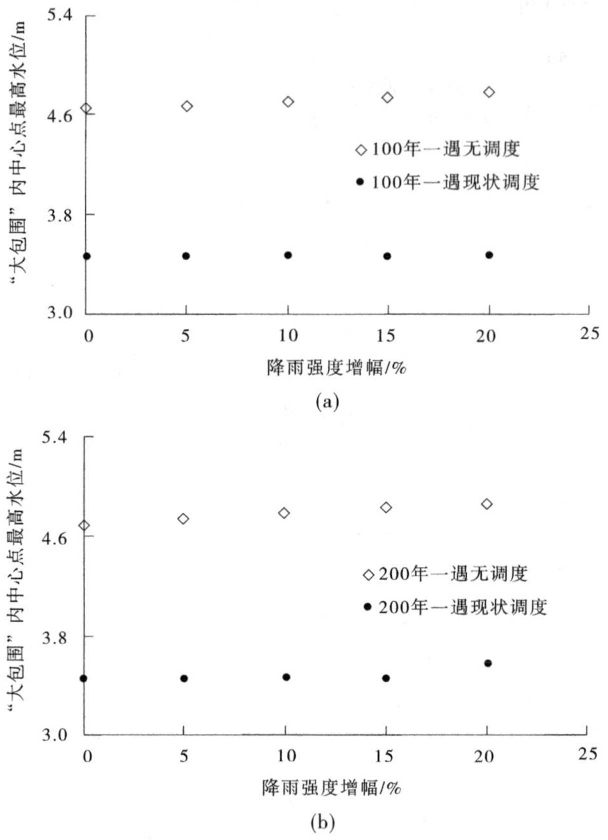

图 6.8　"大包围"内中心点最高水位与降雨强度增幅的关系

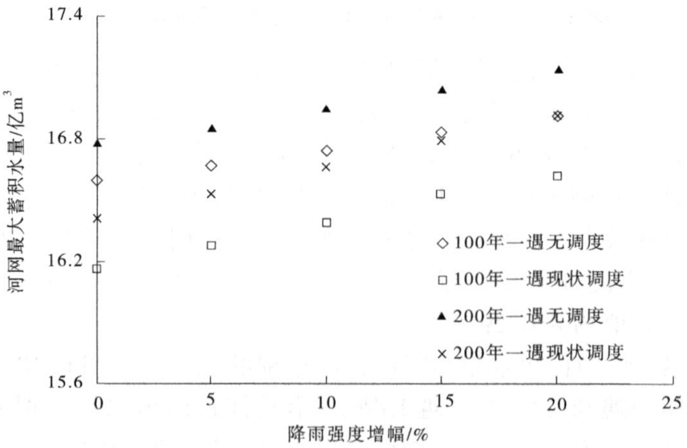

图 6.9　河网最大蓄积水量与降雨强度增幅的关系

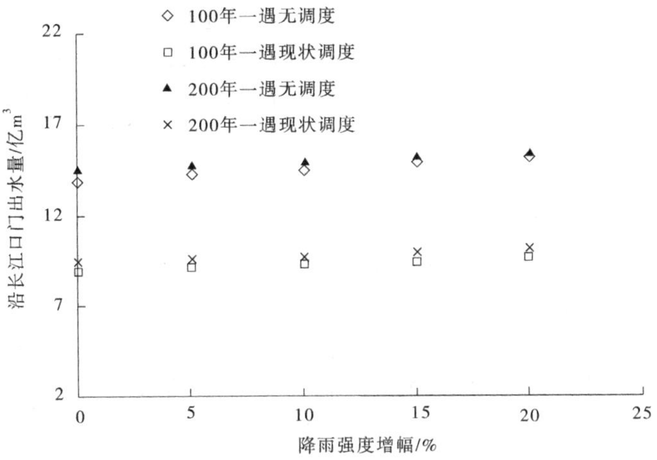

图6.10　沿长江口门出水量与降雨强度增幅的关系

图6.11为沿太湖口门净入水量与降雨强度增幅的关系。由图6.11可见,现状调度规则情况下,100年一遇和200年一遇工况下,随着降雨强度的增强,太湖沿岸口门净入水量分别由5.8亿m^3和5.6亿m^3降至5.5亿m^3和5.4亿m^3。无调控工况下,分别从7.2亿m^3和7.1亿m^3降至6.6亿m^3和6.3亿m^3。表明苏州地区强降雨使太湖洪水进入河网受阻,可能引起太湖流域大范围洪涝灾害的发生。现状河网工程调控有利于保护苏州地区防洪安全,但抑制了太湖洪水进入苏州河网。

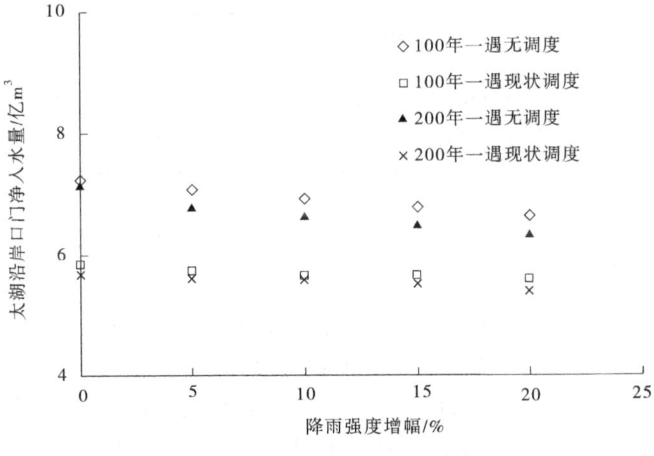

图6.11　沿太湖口门净入水量与降雨强度增幅的关系

6.3　极端降雨与海平面上升同时发生情景

现有研究表明,未来苏州地区将面临极端降雨和海平面上升的双重考验。根据李杰分析,在A1B排放情景(假设全球经济高速增长,各类能源均衡发展的中等排放情景)下,我国东海地区海平面将持续上升,至2050年左右,这一时段内平均上升速度约为3.7

mm/a。这一结果低于文献中根据 1993—2005 年 Topex/Poseidon 数据所得的结果(4.87 mm/a)。考虑在 A1B 排放情景下,海平面上升速度有逐渐减小的趋势,因此现状上升速度高于目前至 2050 年的平均速度是合理的。苏州地区长江口潮汐过程与上游来流量的变化存在相关性,Gong 等将苏州段长江口附近潮位数据利用大通站流量数据进行修正,得到该地区潮位上涨速度约为 6.6 mm/a。就此推测,2050 年左右苏州地区长江口潮位较 1999 年将上涨 30 cm 左右。这一结果应当略高于根据 A1B 排放情景下可能出现的潮位上涨幅度。由于缺少更进一步的数据和研究结论,本书采用潮位在 1999 年基础上上涨 30 cm 作为 2050 年 A1B 排放情境下的潮位估计值。

众多学者对气候变化背景下长江三角洲地区的降雨变化进行了研究。为模拟未来较为极端的降雨情况,根据李双林等的结论,假定在 A1B 排放情景下,苏州地区降雨强度增加了 20%。

6.3.1　工况设定

通过以上分析设定了苏州地区到 2050 年左右在 A1B 排放情景下水文与水动力模型边界条件,如表 6.3 所示。考虑 1999 年实况太湖水位已经是历史最高,属于较为极端的情景。加上 1999 年洪水后,整个太湖流域都加强了防洪工程建设,增强了各个区域的洪水外排的能力,力求保证太湖水位在警戒水位以下。因此,在未来极端情景下,太湖东岸沿线边界条件仍然采用 1999 年实测数据。水文模型子流域分布与各类下垫面分配与前文所述工况一致。

表 6.3　极端条件下水文与水动力模型边界条件

工况编号	水动力模型边界条件	水文模型边界条件
SLR30ER20	太湖东岸采用 1999 年 6 月 16—30 日的实测水位过程;沿长江各口门边界为插值后的实测小时潮位过程直接抬高 30 cm	200 年一遇设计暴雨强度增加 20%

6.3.2　计算结果与分析

为评估未来海平面上升与极端降雨叠加对苏州市区域防洪安全的影响,除前文所述的“大包围”内外最高水位(H_{in}、H_{out})、河网最大蓄水体积(V_{max})、沿江口门净排水量(F_{out})以及沿太湖口门净入水量(F_{in}),还计算了确保区域不发生漫堤事故所需要的堤防应急加高成本。俞妙言等提出苏州市单位堤段应急加高高度与加高成本的函数关系,如式(6.1)所示:

$$C(x) = 116.01x^2 + 115.96x \tag{6.1}$$

式中:$C(x)$ 为单位堤防长度应急加高的成本,元;x 为堤防的应急加高高度,m,等于计算洪水水位减去实际堤防高程。

整个河网的堤防应急加高成本可由式(6.2)计算:

$$C_t = \sum_{i=1}^{n} C_i(x) l_i \tag{6.2}$$

式中：C_t 为所有河道堤防应急加高成本之和，元；$C_i(x)$ 为河段 i 的应急加高成本，元；l_i 为河道 i 的长度，m。

本书假定所有河道的现状堤防高程全部为 5.5 m。

以现状工情遭遇 200 年一遇设计暴雨作为基准工况（Base200），得到了海平面上升与极端降雨叠加时各洪水安全评估参数的值及其增加量，如表 6.4 所示。

表 6.4　苏州市区域河网防洪安全特征参数

计算工况	H_{in}/m	H_{out}/m	V_{max}/m^3	F_{out}/m^3	F_{in}/m^3	C_t/万元
Base200	3.462	5.373	1.641×10^9	1.452×10^9	5.653×10^8	528.1
SLR30ER20	3.569	5.932	1.749×10^9	1.498×10^9	4.970×10^8	2 198.4
增加量/增幅	0.107	0.559	6.58%	3.2%	−12.08%	316.28%

由表 6.4 中数据可知，在未来极端工况下，“大包围”内最高水位（H_{in}）将达到 3.569 m，低于排涝限制水位。表明“大包围”工程枢纽全力开启排涝，能够有效应对未来极端洪水情况。由于模型未考虑苏州城市中心区“大包围”的漫堤情况，与基准工况相比，水位的抬升主要由“大包围”内降水增强所引起。对于“大包围”外最高水位（H_{out}），在极端工况下将上升至 5.932 m，超过了现阶段大多数区域的堤防高程，将严重威胁“大包围”外部的防洪安全。

河网最大蓄水体积（V_{max}）增加到 17.49 亿 m^3，较基准工况增加了 6.58%，该结果可为该区域蓄滞洪区和城市调蓄能力规划提供依据。

沿太湖口门净入水量（F_{in}）与沿江口门净出水量（F_{out}）决定了整个研究区域与外部的水量交换。在极端工况下，F_{out} 增加 3.2%。与降雨量增加 20%相比，表明出流量的增加不足以抵消的径流量增加。主要原因是长江沿岸口门外潮位抬升，降低了沿岸闸门的自排能力，表明未来需要适当加大长江沿岸口门的排水能力。沿太湖口门净入水量（F_{in}）在极端工况下将减少 12.08%，表明在现有调度规则下，太湖洪水北排长江、东排太浦河这两条出路将受到严重影响。结果可能导致洪水期太湖水位整体较高，对整个太湖沿岸地区的防洪安全造成威胁。

在基准工况下，为保证研究区域不发生漫堤事故，需要的堤防应急加高成本约为 528.1 万元，当遭遇极端工况时，应急加高成本增加到 2 198.4 万元，增幅达 316.28%。所得结果未考虑堤防安全加高与湖泊区域的风浪爬高，若考虑这些因素，成本将进一步增加。此外，计算应急加高成本时，假定了有足够的人力、物力在有效时间内完成所需要的工作量，在实际情况下很难实现。因此，在现阶段平原河网地区的洪水管理方式下，提前开展堤防加固和加高是应对未来极端工况的有效途径。

6.4　小　结

利用本次建立的苏州市区域河网雨洪过程模型，模拟了海平面上升、极端降雨条件下的雨洪过程。根据研究区域的特点给出了防洪安全分析参数，对未来极端边界条件下的防洪安全进行分析，得到如下结论：

（1）苏州市区域层级工程调控体系在未来极端工况下能保障“大包围”内防洪安全，明显加剧了“大包围”外的洪水风险。

（2）通过对有无工程调控条件下的河网最大蓄水体积、沿江口门净排水量以及沿太湖口门净入水量分析，表明现状层级调控体系在极端条件下对苏州市区域的整体防洪安全有利，显著减少了太湖洪水的下泄量，对整个太湖沿岸城市区域的防洪安全造成威胁。

（3）海平面上升与极端降雨叠加发生的情况下，堤防应急加高成本是 200 年一遇设计暴雨情况下的 3 倍以上。表明现阶段平原河网地区采用的层级调控防洪体系需要依靠堤防的不断加高来维持整体防洪安全。

参 考 文 献

[1] 张怡，勾鸿量．太湖流域城市防洪问题思考[J]．中国防汛抗旱，2011，21(1)：44-54.
[2] 李琼．洪水灾害风险分析与评价方法的研究及改进[D]．武汉：华中科技大学，2012.
[3] 王同生．太湖流域防洪与水资源管理[M]．北京：中国水利水电出版社，2006.
[4] IPCC. IPCC Fourth Assessment Report：Climate Change[R]. Cambridge：Cambridge university Press，2007.
[5] IPCC. IPCC Fifth Assessment Synthesis Report[R]. Cambridge：Cambridge university Press，2014.
[6] BOWERING E A，PECK A M，SIMONOVIC S P. A flood risk assessment to municipal infrastructure due to changing climate part Ⅰ：methodology[J]. Urban Water Journal，2014，11(1)：20-30.
[7] ALISTAIR H，PAVL W. Climate change impacts and adaptation in cities[J]. Climatic Change，2011，104：13-49.
[8] MILLY P C D，WETHERALD R T，DUNNE K A，et al. Increasing risk of great floods in a changing climate[J]. Nature，2002，415(6871)：514-517.
[9] HIRABAYASHI Y，MAHENDRAN R，KOIRALA S，et al. Global flood risk under climate change[J]. Nature Climate Change，2013，3(9)：816-821.
[10] 马祖铭，马玉宇．苏州古城是人类智慧的光芒：苏州古代的防洪设施[C]//中国民族建筑研究会，中国民族建筑研究会，中国民族建筑研究会．中国民族建筑论文集．南京：河海大学，2001：5.
[11] 河海大学水文水资源系．太湖流域江苏地区产汇流计算[R]．南京：河海大学，1989.
[12] 梁瑞驹，程文辉，蔡文祥，等．太湖流域水文数学模型[J]．湖泊科学，1993，5(2)：99-107.
[13] 陈爽，王进．太湖流域城市化水平及外来人口影响测评[J]．长江流域资源与环境，2005，13(6)：524-529.
[14] SALVADORE E，BRONDERS J，BATELAAN O. Hydrological modelling of urbanized catchments：A review and future directions[J]. Journal of Hydrology，2015，529：62-81.
[15] 芮孝芳，蒋成煜，张金存．流域水文模型的发展[J]．水文，2006，26(3)：22-26.
[16] 徐宗学，程磊．分布式水文模型研究与应用进展[J]．水利学报，2010，41(9)：1009-1017.
[17] 王船海，闫红飞，马腾飞．分布式架构水文模型[J]．河海大学学报(自然科学版)，2009，37(5)：550-555.
[18] 黄胜晔，王腊春，陈晓玲，等．基于平原水网区的半分布式水文模型构建与应用[J]．长江流域资源与环境，2011（增刊1)：44-50.
[19] SINGH V P. Computer models of watershed hydrology[M]. Colorado：Water Resources Publications，1995.
[20] TODINI E. Hydrological catchment modelling：past，present and future[J]. Hydrology and Earth System Sciences，2007，11(1)：468-482.
[21] XU Z，LU S. Study on hydrodynamic model for tidal plain river-networks[J]. Journal of Hydrodynamics (Ser B)，2003，15(2)：64-70.
[22] 刘浏，徐宗学．太湖流域洪水过程水文-水力学耦合模拟[J]．北京师范大学学报(自然科学版)，2012，48(5)：530-536.

[23] 邓洋. 平原圩区的水文特征分析与水量交换计算[D]. 南京：南京师范大学，2014.

[24] 程文辉，王船海，朱琰. 太湖流域模型[M]. 南京：河海大学出版社，2006.

[25] 赵永军，杨珏. 太湖流域产汇流模拟[J]. 河海大学学报(自然科学版)，1998，26(2)：110-113.

[26] 王娟. 平原区产汇流模拟[D]. 南京：河海大学，2007.

[27] 李硕，赖正清，王桥，等. 基于SWAT模型的平原河网区水文过程分布式模拟[J]. 农业工程学报，2013，29(6)：106-112.

[28] 李卉，苏保林. 平原河网地区农业非点源污染负荷估算方法综述[J]. 北京师范大学学报(自然科学版)，2009(5)：662-666.

[29] GARBRECHT J, MARTZ L W. The assignment of drainage direction over flat surfaces in raster digital elevation models[J]. Journal of Hydrology, 1997, 193(1-4): 204-213.

[30] BARNES R, LEHMAN C, MULLA D. An efficient assignment of drainage direction over flat surfaces in raster digital elevation models[J]. Computers & Geosciences, 2014, 62: 128-135.

[31] 孙世明，付丛生，张明华. SWAT模型在平原河网区的子流域划分方法研究[J]. 中国农村水利水电，2011(6)：17-20.

[32] 罗运祥，苏保林，李卉，等. 平原河网地区SWAT模型子流域概化方法[J]. 北京师范大学学报(自然科学版)，2011，47(4)：415-418.

[33] 李曼曼，韩会玲，刘晓英，等. SWAT模型最佳子流域划分方案研究:以云南洱海流域为例[J]. 中国农业气象，2012，33(2)：185-189.

[34] 李致家，李兰茹，黄鹏年，等. 流域分块对汇流参数的影响[J]. 河海大学学报(自然科学版)，2014，42(4)：283-288.

[35] SU C, WANG X, FENG C, et al. An integrated algorithm for depression filling and assignment of drainage directions over flat surfaces in digital elevation models[J]. Earth Science Informatics, 2015, 8(4): 1-11.

[36] KIM J G, PARK Y, YOO D, et al. Development of a SWAT patch for better estimation of sediment yield in steep sloping watersheds[J]. Journal of the American Water Resources Association, 2010, 45(4): 963-972.

[37] MANGUERRA H B , ENGEL B A . Hydrologic parameterization of watersheds for runoff prediction using swat[J]. Journal of the American Water Resources Association, 1998, 34(5):14.

[38] JOHNSON D, SMITH M, KOREN V, et al. Comparing mean areal precipitation estimates from NEXRAD and rain gauge networks[J]. Journal of Hydrologic Engineering, 1999, 4(2): 117-124.

[39] 乐红玲,张萍霞,王船海,等.平原河网区坡面汇流分布式单位线研究[J].水电能源科学,2015,33(2):25-28.

[40] 季益柱. 设计暴雨下平原河网一维水动力数值模拟研究[D].南京：河海大学，2013.

[41] 林芳荣.广州河段感潮河网的水质模型初探[J].人民珠江,1986(6):32-38.

[42] 徐小明. 大型河网水力水质数值模拟方法[D]. 南京：河海大学，2001.

[43] PREISSMANN A. Propagation of translatory waves in channels and rivers[C]//Proc., 1st Congress of French Association for Computation, Grenoble, France, AFCAL. 1961: 433-442.

[44] ABBOTT M B, IONESCU F. On the numerical computation of nearly horizontal flows[J]. Journal of Hydraulic Research, 1967, 5(2): 97-117.

[45] 张二骏，张东生，李挺. 河网非恒定流的三级联合解法[J]. 华东水利学院学报，1982，10(1):1-13.

[46] 吴寿红. 河网非恒定流四级解法[J]. 水利学报，1985(8)：42-50.

[47] 芮孝芳，冯平. 多支流河道洪水演算方法的探讨[J]. 水利学报，1990，2(2)：26-32.

[48] CUNGE J A. On the subject of a flood propagation computation method (Musklngum method)[J]. Journal of Hydraulic Research, 1969, 7(2): 205-230.

[49] 姚琪，丁训静，郑孝宇. 运河水网水量数学模型的研究和应用[J]. 河海大学学报，1991，19(4)：9-17.

[50] FREAD D L. Technique for implicit dynamic routing in rivers with tributaries[J]. Water Resources Research, 1973, 9(4): 918-926.

[51] 朱德军，陈永灿，王智勇，等. 复杂河网水动力数值模型[J]. 水科学进展，2011，22(2)：203-207.

[52] ZHU D, CHEN Y, WANG Z, et al. Simple, robust, and efficient algorithm for gradually varied subcritical flow simulation in general channel networks[J]. Journal of Hydraulic Engineering, 2010, 137(7): 766-774.

[53] 胡玮，董增川. 太湖流域河网水流运动模拟研究[J]. 水文，2008，28(2)：43-48.

[54] PEACEMAN D W, RACHFORD H H. The numerical solution of parabolic and elliptic differential equations[J]. Journal of the Society for Industrial and Applied Mathematics, 1955, 3(1): 28-41.

[55] DOUGLAS J. On the Numerical Integration of by Implicit Methods[J]. Journal of the Society for Industrial and Applied Mathematics, 1955, 3(1): 42-65.

[56] 胡四一，谭维炎. 用 TVD 格式预测溃坝洪水波的演进[J]. 水利学报，1989，7(1)：11.

[57] BLADÉ E, GÓMEZ-VALENTÍN M, SÁNCHEZ-JUNY M, et al. Preserving steady-state in one-dimensional finite-volume computations of river flow[J]. Journal of Hydraulic Engineering, 2008, 134(9): 1343-1347.

[58] SONG L, ZHOU J, LI Q, et al. An unstructured finite volume model for dam-break floods with wet/dry fronts over complex topography[J]. International Journal for Numerical Methods in Fluids, 2011, 67(8): 960-980.

[59] 强娟，汪德爟，曲红玲. TVD-MUSCL 格式模拟二维溃坝波的演进过程[J]. 吉林水利，2007(1)：38-40.

[60] 丁全林，王玲玲，汪德爟，等. 基于多松弛格子玻尔兹曼的弯道水流三维数值模拟[J]. 水科学进展，2012，23(4)：523-528.

[61] VAN THANG P, CHOPARD B, LEFÈVRE L, et al. Study of the 1D lattice Boltzmann shallow water equation and its coupling to build a canal network[J]. Journal of Computational Physics, 2010, 229(19): 7373-7400.

[62] SMITH L ,LIANG Q ,JAMES P , et al. Assessing the utility of social media as a data source for flood risk management using a real-time modelling framework[J]. Journal of Flood Risk Management, 2017, 10(3): 370-380.

[63] KUZNIK F, OBRECHT C, RUSAOUEN G, et al. LBM based flow simulation using GPU computing processor[J]. Computers & Mathematics with Applications, 2010, 59(7): 2380-2392.

[64] AHMED F. A hydrologic model of Kemptville Basin: calibration and extended validation[J]. Water resources Management, 2012, 26(9): 2583-2604.

[65] HUANG S, RAUBERG J, APEL H, et al. The effectiveness of polder systems on peak discharge capping of floods along the middle reaches of the Elbe River in Germany[J]. Hydrology and Earth System Sciences Discussions, 2007, 11(4): 1391-1401.

[66] HORRITT M S, BATES P D. Evaluation of 1D and 2D numerical models for predicting river flood

inundation[J]. Journal of Hydrology, 2002, 268(1): 87-99.

[67] SHAHAPURE S S, ELDHO T I, RAO E P. Flood simulation in an urban catchment of Navi Mumbai City with detention pond and tidal effects using FEM, GIS, and remote sensing[J]. Journal of Waterway, Port, Coastal, and Ocean Engineering, 2011, 137(6): 286-299.

[68] 朱琰. 太湖流域实时洪水预报调度系统研究[D]. 南京: 河海大学, 2003.

[69] 吴浩云. 大型平原河网地区水量水质耦合模拟及联合调度研究[D]. 南京: 河海大学, 2006.

[70] 程海云, 黄艳. 丹麦水力研究所河流数学模拟系统[J]. 水利水电快报, 1996, 17(19): 24-27.

[71] 王菲. 复式河道数值模型应用研究[D]. 南京: 河海大学, 2004.

[72] 谷晓伟. 基于 SOBEK 模型的黄河三角洲自然保护区淡水湿地生态需水量研究[D]. 南京: 河海大学, 2007.

[73] 袁文昊. 三峡建坝后长江中游河床冲淤的水沙动力过程:新物源对河口供应的预测[D]. 上海: 华东师范大学, 2014.

[74] 程江. 苏州河储存式雨水调蓄池水环境质量改善效应分析[J]. 中国给水排水, 2014, 30(1): 104-108.

[75] 陆静依. 美国"HEC-RAS 河流分析系统"简介[J]. 上海水利, 1999(4): 17.

[76] 温国平, 程金沐. 海平面上升对珠江三角洲城市排水和河流水质影响预测[J]. 热带地理, 1993, 13(3): 201-205.

[77] 刘克强,李敏. 相对海平面上升对太湖流域排水影响的分析[J]. 水利技术监督,2009(5):44-46.

[78] Gong Z, Zhang C, Wan L, et al. Tidal level response to sea-level rise in the Yangtze estuary[J]. China Ocean Engineering, 2012(26): 109-122.

[79] 王腊春, 周寅康, 都金康, 等. 海平面变化对太湖流域排涝的影响[J]. 海洋与湖沼, 2000, 31(6): 689-696.

[80] 杨德轩. 桥梁壅水的计算[D]. 北京: 北京交通大学, 2006.

[81] IRIE M, YAMAGUCHI T, NISHIDA S, et al. Modeling of water quality in tidal river network in Osaka, Japan[J]. Journal of Water and Environment Technology, 2015, 13(3): 231-248.

[82] TWIGT D J, DE GOEDE E D, ZIJL F, et al. Coupled 1D-3D hydrodynamic modelling, with application to the Pearl River Delta[J]. Ocean Dynamics, 2009, 59(6): 1077-1093.

[83] DEMIR V, KISI O. Flood hazard mapping by using geographic information system and hydraulic model: Mert River, Samsun, Turkey[J]. Advances in Meteorology, 2016(4891015):1-9.

[84] PENG H Q, LIU Y, WANG H W, et al. Assessment of the service performance of drainage system and transformation of pipeline network based on urban combined sewer system model[J]. Environmental Science and Pollution Research, 2015, 22(20): 15712-15721.

[85] GREENBERG S S E. Urban hydrological modeling of the Malden River using the Storm Water Management Model (SWMM)[D]. Massachusetts: Massachusetts Institute of Technology, 2015.

[86] 李双林, 韩乐琼, 卞洁. 基于 IPCC AR4 部分耦合模式结果的 21 世纪长江中下游强降水预估[J]. 暴雨灾害, 2012, 31(3): 193-200.

[87] 徐宗学, 刘浏. 太湖流域气候变化检测与未来气候变化情景预估[J]. 水利水电科技进展, 2012, 32(1): 1-7.

[88] 黄俊雄, 徐宗学. 太湖流域 1954—2006 年气候变化及其演变趋势[J]. 长江流域资源与环境, 2009, 18(1): 33-40.

[89] HAN L, XU Y, PAN G, et al. Changing properties of precipitation extremes in the urban areas, Yangtze River Delta, China, during 1957—2013[J]. Natural Hazards, 2015, 79(1): 437-454.

[90] ROSE S, PETERS N E. Effects of urbanization on stream flow in the Atlanta area (Georgia, USA): a comparative hydrological approach[J]. Hydrological Processes, 2001, 15(8): 1441-1457.
[91] JACOBSON C R. Identification and quantification of the hydrological impacts of imperviousness in urban catchments: A review[J]. Journal of Environmental Management, 2011, 92(6): 1438-1448.
[92] SHEEDER S A, ROSS J D, CARLSON T N. Dual urban and rural hydrograph signals in three small watersheds[J]. Journal of the American Water Resources Association, 2002, 38 (4): 1027-1040.
[93] MCMAHON G, BALES J D, COLES J F, et al. Use of stage data to characterize hydrologic conditions in an urbanizing environment[J]. Journal of the American Water Resources Association, 2003, 39(6): 1529-1546.
[94] BAKER D B, RICHARDS R P, LOFTUS T T, et al. A new flashiness index: characteristics and applications to Midwestern rivers and streams[J]. Journal of the American Water Resources Association, 2004, 40(2): 503-522.
[95] PIZZUTO J E, HESSION W C, MCBRIDE M. Comparing gravel-bed rivers in paired urban and rural catchments of southeastern Pennsylvania[J]. Geology, 2000, 28(1): 79-82.
[96] KANG R S, MARSTON R A. Geomorphic effects of rural-to-urban land use conversion on three streams in the Central Redbed Plains of Oklahoma[J]. Geomorphology, 2006, 79(3): 488-506.
[97] NELSON P A, SMITH J A, MILLER A J. Evolution of channel morphology and hydrologic response in an urbanizing drainage basin[J]. Earth Surface Processes and Landforms, 2006, 31(9): 1063-1079.
[98] KU H F H, HAGELLIN N W, BUXTON H T. Effects of urban storm-runoff control on ground-water recharge in Nassau County, New York[J]. Groundwater, 1992, 30(4): 507-514.
[99] BRANDES D, CAVALLO G J, NILSON M L. Base flow trends in urbanizing watersheds of the delaware River Basin-I[J]. Journal of the American Water Resources Association, 2005, 41(6): 1377-1391.
[100] 杨凯. 平原河网地区水系结构特征及城市化响应研究[D]. 上海:华东师范大学, 2006.
[101] 袁雯, 杨凯, 唐敏, 等. 平原河网地区河流结构特征及其对调蓄能力的影响[J]. 地理研究, 2005, 24(5): 717-724.
[102] 吴挺峰, 周鳄, 崔广柏, 等. 河网概化密度对河网水量水质模型的影响研究[J]. 人民黄河, 2006, 28(3): 46-48.
[103] 赵军. 平原河网地区景观格局变化与多尺度环境响应研究[D]. 上海: 华东师范大学, 2008.
[104] 单媛媛, 李瑞, 张骏芳, 等. 平原河网地区河流健康评价指标体系构建[J]. 水科学与工程技术, 2010(4): 17-19.
[105] 茹彪,陈星,张其成,等. 平原河网区水系结构连通性评价[J]. 水电能源科学,2013,31(5):9-12.
[106] 孟祥永, 陈星, 陈栋一, 等. 城市水系连通性评价体系研究[J]. 河海大学学报(自然科学版), 2014, 42(1): 24-28.
[107] 韩龙飞, 许有鹏, 杨柳, 等. 近 50 年长三角地区水系时空变化及其驱动机制[J]. 地理学报, 2015, 70(5): 819-827.
[108] 高强. 广州市海珠区调水试验水闸控制模拟[J]. 广东水利水电, 2011(增刊 1): 9-12.
[109] YIN Y, XU Y, CHEN Y. Relationship between changes of river-lake networks and water levels in typical regions of Taihu Lake Basin, China[J]. Chinese Geographical Science, 2012, 22(6): 673-682.
[110] 左其亭, 崔国韬. 河湖水系连通理论体系框架研究[J]. 水电能源科学, 2012, 30(1): 1-5.
[111] 胡昌伟, 刘媛媛, 刘舒. 欧盟洪水风险图制作对我国的借鉴与思考[J]. 水利水电技术,2013(12):74-77.

[112] 中华人民共和国水利部. 洪水风险图编制导则:SL 483—2017[S]. 北京:中国水利水电出版社, 2017.

[113] 胡昌伟. 太湖流域洪水风险模拟研究[D]. 北京: 中国水利水电科学研究院, 2013.

[114] JIABI X, SAYERS P, DONGYA S, et al. Broad scale reliability analysis of the flood defence infrastructure within the Taihu Basin, China[J]. Journal of Flood Risk Management, 2013, 6(1): 42-56.

[115] 李帅杰. 城市洪水风险管理及应用技术研究[D]. 北京: 中国水利水电科学研究院, 2013.

[116] 季益柱. 设计暴雨下平原河网一维水动力数值模拟研究[D]. 南京: 河海大学, 2013.

[117] 黄艳, 程海云. 对 NAM 模型的改进及应用的初步实践[J]. 水利水电快报, 1997,18(19): 24-27.

[118] 孙映宏. 平原河网地区水系调整对区域防洪安全影响研究[D]. 南京:河海大学,2009.

[119] KARLSSON I B, SONNENBORG T O, REFSGAARD J C, et al. Combined effects of climate models, hydrological model structures and land use scenarios on hydrological impacts of climate change[J]. Journal of Hydrology, 2016(535):301-317.

[120] TINGSANCHALI T, GAUTAM M R. Application of tank, NAM, ARMA and neural network models to flood forecasting[J]. Hydrological Processes, 2000, 14(14): 2473-2487.

[121] MADSEN H. Automatic calibration of a conceptual rainfall-runoff model using multiple objectives[J]. Journal of Hydrology, 2000, 235(3): 276-288.

[122] 吴益. 和田河流域径流过程分析与模拟[D]. 南京:河海大学,2006.

[123] 陈文龙, 宋利祥, 邢领航, 等. 一维-二维耦合的防洪保护区洪水演进数学模型[J]. 水科学进展, 2014, 25(6): 848-855.

[124] BLADÉ E, GÓMEZTÍN M, DOLZ J, et al. Integration of 1D and 2D finite volume schemes for computations of water flow in natural channels[J]. Advances in Water Resources, 2012(42): 17-29.

[125] 杨松彬, 董志勇. 河网概化密度对平原河网水动力模型的影响研究[J]. 浙江工业大学学报, 2007, 35(5): 567-570.

[126] 刘曾美, 吴俊, 黄国如. 河渠弯道缓流水面曲线计算探讨[J]. 水利水运工程学报, 2008(2): 54-59.

[127] 蒋艳, 雷正雄. Preissmann 隐式格式在弯曲河道中的应用[J]. 水资源保护, 2001(3): 39-41.

[128] 史莹, 江春波, 陈正兵, 等. 弯曲河道对水流流态影响数值模拟[J]. 水利学报, 2013, 44(9): 1050-1057.

[129] ZANICHELLI G, CARONI E, FIOROTTO V. River bifurcation analysis by physical and numerical modeling[J]. Journal of Hydraulic Engineering, 2004, 130(3): 237-242.

[130] 童朝锋. 分汊口水沙运动特征及三维水流数学模型应用研究[D]. 南京: 河海大学, 2005.

[131] 龙胤慧, 廖梓龙. 基于泰森多边形法的庆阳市面雨量计算[J]. 河北工程大学学报(自然科学版), 2012, 29(3): 64-67.

[132] 方慈安, 潘志祥, 叶成志,等. 几种流域面雨量计算方法的比较[J]. 气象, 2003, 29(7): 23-26.

[133] 张智超, 闫丹丹. 流域面雨量的计算方法[J]. 水利科技与经济, 2016, 22(12): 34-36,49.

[134] 卢士强. 平原感潮河网水环境数学模型研究与应用[D]. 上海: 同济大学, 2003.

[135] 焦创, 季益柱, 胡孜军, 等. 平原河网地区设计暴雨下的洪水计算:以苏州地区为例[J]. 水利水电技术, 2015, 46(1): 17-20.

[136] 苏州市水务局. 苏州市城市中心区防洪工程可行性研究报告[R]. 苏州:苏州市水务局,2003.

[137] 叶永毅. 根据水文资料计算设计洪水[J]. 中国水利, 1957(1):7-18.

[138] 林越元. 论设计洪水过程线的拟定方法[J]. 人民长江, 1957(11): 60-62.

[139] 俞妙言，杨高升. 平原河网堤防水文失事及应急预案研究[J]. 水资源与水工程学报，2015(3)：85-89.

[140]王腊春，江南，周寅康，等. 太湖流域洪涝灾害评估模型[J]. 测绘科学，2003(2)：35-38.

[141] 李杰. 海平面变化及其对东中国海风暴潮的影响[D]. 青岛：中国海洋大学，2011.

